# WUNDERRAUM

*Lesen ist ankommen.*

# BARBARA CAPPONI

# So erziehst du deinen Menschen

## Empfehlungen einer Hauskatze

*Aus dem Italienischen von*
*Verena von Koskull*

*Mit Illustrationen von Andrea Ferolla*

# WUNDERRAUM

*Für Prinz Leopoldino, Kapitän Fracassa,*
*Pimlico, Bobo, Diego, Luigino, Pongo,*
*Amelia, Marta, Bicia, Tigre, Popò,*
*den alten Mao, Micione, die kleine Dorrit, Apida,*
*Balletta, Nòcciola, Obama*

*und alle Katzen, die uns ihre*
*Freundschaft und Beachtung geschenkt haben.*

# Inhalt

# Einleitung

Wir leben auf einem von Menschen befallenen und nach ihrem Bild und Gleichnis geformten Planeten.

Überleben ist kein Kinderspiel: Die Welt da draußen ist rau.

Aber wenn es hart auf hart kommt, schlägt die Stunde der Entschlossenen. Noch nie gab es so viele Menschen auf der Erde, und noch nie so viele Katzen.

Kein Wunder also, dass wir mit diesen Kreaturen umzugehen wissen, deren erstaunliche Fähigkeiten oft von unfassbarer Dummheit gelenkt werden.

Tatsächlich sind sie ziemlich leicht abzurichten. Und einzeln genommen, sind ein paar von ihnen gar nicht übel.

Mit diesem Handbuch möchten wir euch ein paar Tipps geben, wie ihr euren Menschen auswählt, zähmt und erzieht.

# 1

## Die Menschen

## Allgemeine Anmerkungen zur Spezies

Menschen gehören zur Familie der Großaffen. Das ist nicht ihre Schuld.

Wie viele Primaten sind sie lebhafte, lärmende, mit Greifpfoten ausgestattete Lebewesen. Ihre Hinterpfoten sind durch die beharrlich eingenommene zweibeinige Haltung teils verkümmert.

Es sind große, länglich geformte, schwanzlose und im Vergleich zu anderen Affen recht tollpatschige Tiere; sie haben eine Mähne, die bei den Weibchen ausgeprägter ist, ansonsten sind sie unbehaart, von ein paar absurden Körperstellen abgesehen.

Ihre Schnauze ist flach, aber nicht hässlich, und das einzige entfernt katzenartige Merkmal sind die frontalen Augen; sie haben eine große, nahezu nutzlose Nase und unbewegliche Ohren. Die Männchen haben Schnurrhaare, mit denen sie aber offenbar nichts anzufangen wissen.

Das technisch gelungenste Körperteil sind die Vorderpfoten oder Hände. Diese verfügen über lange, mit läppischen Krallen versehene Zehen und können sich äußerst geschickt bewegen. Auf uns können sie einschüchternd wirken, fast wie eigenständige Tiere. Sie sind kraftvolle Präzisionswerkzeuge, und habt ihr euer Exemplar erst einmal abgerichtet, werdet ihr die zahllosen Vorteile eines euch zu Diensten stehenden menschlichen Händepaars sehr zu schätzen lernen.

Das auffälligste Merkmal dieser Zweibeiner ist, dass sie ihre Körper mit Dingen bedecken, die sich wie eine zweite Haut an sie schmiegen und zuweilen – wie ihr mit Grausen feststellen werdet – tatsächlich die Haut von jemand anderem sind.

Sie haben Dinge, die sie sich auf den Kopf setzen, vor die Augen schieben, an den Körper hängen. Gelegentlich stecken die Weibchen ihre Hinterpfoten in Dinger, die ihnen selbst die geringste Fortbewegung erschweren, und wenn sie ihren Bau verlassen, schleppen sie einen Haufen Zeugs mit, für das es eigene, Taschen genannte Behälter braucht.

Wie man sich unschwer vorstellen kann, kommt dieser ganze Krempel, mit dem sie sich umhüllen und behängen, ihrer Tollpatschigkeit nicht gerade zugute.

Nennen wir diese Besessenheit der Menschen mit Dingen *Dingitis*.

Die Dingitis nimmt einen gewaltigen Platz im Leben dieser Kreaturen ein, und wir werden noch häufig darauf zurückkommen.

Trotz ihres höchst befremdlichen Äußeren sollte man Menschen nicht unterschätzen. Sie können frappierend klug sein, und wir geben unumwunden zu, dass uns viele ihrer Fähigkeiten noch immer ein Rätsel sind. Sie sind in der Lage, ihr Revier zu verändern und unerklärliche Phänomene zu erzeugen wie Feuer, Licht, Dosenthunfisch und ähnliche Wunder.

Wie alle Tiere, kommunizieren die Menschen mit dem Körper, aber auch mit der Stimme wie Vögel, und das zwanghaft und ausdauernd.

Man hat festgestellt, dass sich die beiden Kommunikationsebenen – die körperliche und die stimmliche – vollkommen gegensätzlich zueinander verhalten können.

Zum Beispiel können die Menschen einander mit verbalen Herzlichkeiten begrüßen, derweil ihre Körper Unmut und Feindseligkeit ausdrücken; sie können euch verbal umschmeicheln und mit dem Versprechen von Fressen locken, obwohl sie nur darauf aus sind, euch zu schnappen und in die Transportbox* zu stecken.

---

\* *Transportbox:* mobiles Verschleppungsgefängnis.

Diese typische Doppelzüngigkeit der Spezies sollte man unbedingt im Kopf behalten, denn da sie den Katzenartigen fremd ist, laufen diese jedes Mal aufs Neue Gefahr, übertölpelt zu werden.

Menschen sind gesellige Tiere und leben meist in Familienverbänden.

Wenn die Jungtiere geschlechtsreif werden, verlassen sie mitunter die Ursprungsfamilie und schließen sich kleinen Rudeln gleichaltriger Artgenossen an, mit denen sie in einem Bau zusammenleben.

Im Laufe der Jahre neigen diese Primaten dazu, sich einen Partner zu suchen und eine eigene Familie zu gründen, aber nicht immer. Es gibt auch Einzelgänger, die sich oft als besonders zähmungswillig erweisen.

Einige Vertreter verbringen den Großteil ihres Lebens in ihren Höhlen, die geräumig, behaglich und äußerst begehrenswert sind.

Andere verbringen die meiste Zeit draußen, um Nahrung zu besorgen, und kehren erst bei Einbruch der Dunkelheit zurück. Tatsächlich jagen sie vor allem bei Tageslicht.

Sie sind rastlose Lebewesen. Kaum sind sie in ihrem Bau, zeigen sie sich nahezu daueraktiv, hantieren mit Dingen und beäugen sie. Sehen und Tasten sind zweifellos die wichtigsten Sinne dieser Säugetiere, und manche glauben, unser Erfolg bei ihnen habe auch damit zu tun.

Einigen Theorien nach dienten die Werkzeuge der Menschen ursprünglich dazu, ihnen das Leben zu erleichtern. Es gibt mündliche Überlieferungen aus der Zeit, als diese Primaten noch in Höhlen lebten und Feuersteindolch und Lanze ihre treuesten Verbündeten waren, die ihnen das Leben retten konnten. Heute haben sich die Rollen verkehrt und die Menschen sind den Gegenständen untertan; sie müssen sich um Hunderttausende von Dingen kümmern.

Wir wollen euch hier nicht mit fachlichen Details langweilen, deshalb nennen wir nur ein typisches Beispiel: Ernährung.

Selbst bei einem theoretisch so simplen Unterfangen triumphiert die Dingitis.

Die Nahrung gelangt häufig bereits verdingst, also unkenntlich gemacht, in den Bau. Zerstückelt und in Gegenständen eingeschlossen, die zu öffnen äußerst kniffelig sind, zumal, wenn man nicht über einen opponierbaren Daumen verfügt.

Einmal erbeutet, wird jedes Stück Nahrung angefasst, verändert, nochmals zerstückelt, eingefettet, erhitzt, gewürzt; mit anderen Worten: ruiniert. Dieser Prozess erfordert etliche Arbeitsschritte, eine beachtliche Menge Zeit sowie zahllose Dinge unterschiedlicher Formen und Größen, von denen manche laut und viele gefährlich sind.

Ist die Nahrung erst ruiniert, bringt der Mensch sie auf einen Tisch[*], auf dem er unter Zuhilfenahme verschiedener anderer Dinge ein Gedeck[**] vorbereitet hat, vom dem er sie unter Einsatz weiterer Gegenstände, die vom berühmten Feuersteinmesser abstammen, mit quälender Langsamkeit zum Mund führt.

Dieses Vorgehen wird ständig durch lautliche Kommunikation, Trinken und diverse Ablenkungen unterbrochen.

Nachdem er seine Nahrung aufgenommen hat, verwendet der Mensch abermals reichlich Zeit darauf, jeden einzelnen benutzten Gegenstand gemäß einem langwierigen, vertrackten Ritual umzuräumen, nass zu machen, abzureiben und abzutrocknen.

---

[*] *Tisch:* ein kleines, aufgebocktes Stück Fußboden.
[**] *Gedeck:* eine Art rituelle Inszenierung, Bühne für die Nahrung.

Auch existieren vielfältige, ständig in Anspruch genommene Gegenstände, die eigens dazu erschaffen wurden, sich um andere Gegenstände zu kümmern, etwa die Spülmaschine[*].

Wegen der Dingitis kann ein Vorgehen wie die Nahrungsaufnahme, die sich in wenigen Minuten erledigen ließe, auch mehrere Stunden in Anspruch nehmen.

Den Großteil seines Lebens verbringt der Mensch damit, sich mit Dingen zu beschäftigen, sie zu bewegen, zu betrachten, hineinzusprechen. Da sein Leben sehr lang ist, weiß er vermutlich nicht genau, was er damit anfangen soll, was eine mögliche Erklärung für die Dingitis sein könnte.

Dass die menschliche Spezies die schädlichste und gefährlichste der Welt ist, ist unbestritten. Nicht zuletzt durch ihre Überzahl hat sie so gut wie jeden Lebensraum für andere Spezies unbewohnbar gemacht. Sich eine Überlebensnische zu erobern, die sich häufig ausgerechnet in ihren Bauen und an ihrer Seite befindet,

---

[*]  *Spülmaschine:* Möbel, das Gegenstände verschluckt und sie, nachdem es sie unter lautem Krach malträtiert und von Nahrungsresten befreit hat, wieder ausspuckt.

ist deshalb eine große Errungenschaft und die einzige Möglichkeit, in einer vom Menschen beherrschten Welt zu überleben. Eine winzige Stufe über ihm, aber ohne es an die große Glocke zu hängen.

Einige sind der Ansicht, wir können die Menschen noch so gernhaben und sogar in unser Herz schließen, doch sollten wir nie vergessen, dass sie wilde Tiere sind: unberechenbar und potenziell gefährlich.

Wir aber glauben, der passende, gut abgerichtete Mensch kann ein liebevoller und treuer Gefährte sein, der unser Vertrauen verdient – solange er uns nicht allzu dicht aufs Fell rückt.

## *Historischer Abriss*

Katzen beherrschten den Planeten schon lange vor dem Auftauchen der ersten Menschen.

Am Anfang begegnete man den Menschen mit Verachtung: Es waren kleine Horden nomadischer Primaten, die gelegentlich in den von unseren Vorfahren bevölkerten Gebieten auftauchten, Wurzeln ausbuddelten, Grünzeug sammelten, sich kleine Beutetiere unter den Nagel rissen und wieder verschwanden.

Später lernten sie, sich in größeren Gruppen zu organisieren, entwickelten sich zu geschickten Jägern und ließen sich mehr oder weniger dauerhaft in Höhlen nieder.

Als sie sesshaft wurden und anfingen, große Nahrungsmengen zu horten, wurde ihr Interesse an uns immer deutlicher.

Wer die geniale Idee der Domestizierung hatte, ist nicht bekannt, doch nach dem ersten Blickkontakt dürfte es nicht allzu schwer gewesen sein, den ersten Affen zu unterwerfen. Seitdem haben sich die Domestizierungsmethoden vermutlich nicht nennenswert verändert.

Der glaubhaftesten Hypothese nach war der erste erfolgreich domestizierte Mensch ein Weibchen. Die Weibchen dieser Spezies sind einfühliger, klüger und lernfähiger. In diesem Zusammenhang ist interessant, dass ein menschliches Neugeborenes ungefähr genauso groß ist wie eine Katze. Dass Menschenmütter so innig an ihren Jungen hängen, hat womöglich auch mit dieser Ähnlichkeit zu tun: Sie erinnern sie an Katzen.

Die Hingabe dieser Spezies uns gegenüber ging so weit, dass man uns für Gottheiten hielt – ein für uns Katzenartige schwer nachvollziehbares Konzept. Könnt ihr euch eine allmächtige und unsterbliche Katzenmutter vorstellen? Das ungefähr ist gemeint – im besten Sinn –, wenn man von einer Gottheit spricht.

Anscheinend waren die frühen Menschenpopulationen im alten Ägypten, in Mesopotamien, Indien und am Mittelmeer matriarchalisch, beteten die Große Mutter an und verehrten uns als göttliche Tiere.

Auch Siamkatzen galten in Thailand als heilig, ebenso die Birma-Katze.

Am bekanntesten ist der Fall der ägyptischen Göttin Bastet, eine Verkörperung besagter Großer Mutter in ihrer sanftesten, mütterlichsten Erscheinung, die mit einem Katzenkopf und einem menschlichen Körper ausgestattet war.

In jener Zeit war in Ägypten Mumifizierung en vogue, eine schauderhafte Methode, um die Leichen bedeutender und als göttlich erachteter Persönlichkeiten zu konservieren. Wenn die Katze einer Familie starb, war es Brauch, auch den ihr am nächsten stehenden Menschen zu töten, zu mumifizieren und zusammen mit der Katze zu bestatten, damit er ihr im Jenseits weiterhin zu Diensten sein konnte.

Bei den Menschen ist diese Sitte in Vergessenheit geraten: Die Dummerchen glauben, die Sache sei umgekehrt gelaufen und man habe die Katzen getötet, um den verstorbenen Menschen Gesellschaft zu leisten. Dabei hatte die Göttin Bastet doch den Kopf einer Katze, und nicht umgekehrt.

Dass die Menschen uns häufig mit dem Göttlichen in Verbindung brachten, hatte für uns auch seine Schattenseiten, vor allem in einer finsteren Zeit namens Mittelalter.

Menschenweibchen und Katzen, vor allem die schwarzen, wurden von den Menschenmännchen gehasst, die sich absurderweise als heilige Inquisition bezeichneten und Jagd auf sie machten, sie quälten, bei lebendigem Leib verbrannten und auf alle erdenklichen Arten massakrierten.

Das einzig Tröstliche ist, dass nach der Ausrottung von Millionen Katzen die Ratten kamen und die schwarze Pest brachten, die ihrerseits Millionen Primaten dahinraffte.

Im Laufe der Zeit durchlief die Beziehung zwischen Katzen und Menschen Höhen und Tiefen, erreichte ihre Blüte im alten Ägypten und ihren schwärzesten Punkt im Mittelalter in der Provinz Vicenza, wo wilde Bevölkerungsgrüppchen sich damals und angeblich heute noch von Katzenfleisch ernähren.

Dennoch handelt es sich um ein langes Miteinander und um eine Geschichte, die noch darauf wartet, aufgeschrieben zu werden.

## Abrichtung und Zähmung

Es gibt verschiedene Stufen der Abrichtung: Die Grund- oder Urstufe besteht darin, sich regelmäßig Futter an vereinbarte Orte bringen zu lassen, normalerweise von einem Weibchen der Spezies. Diese Methode verlangt keine besonderen Fähigkeiten, bietet allerdings auch keine Beständigkeits- und vor allem keine Qualitätsgarantie.

Die unserer Ansicht nach höchste Stufe – und genau die interessiert uns und ist Gegenstand dieses Handbuchs – besteht darin, einen oder besser noch mehrere Menschen abzurichten, ihr Revier in Beschlag zu nehmen, die absolute Hoheit darüber zu erlangen und sich von vorn bis hinten von ihnen bedienen zu lassen.

Unser leuchtendes Vorbild hierfür ist Prinz Leopoldino, ein außergewöhnlich schöner und kluger Kater, der einen seiner Menschen mit einem einzigen Blick dazu bewegen kann, ihm je nach Laune eine Tür, eine Schachtel Leckerlis oder eine Fließwasserquelle zu öffnen.

Das ist der Geist, den wir unseren Schülern vermitteln wollen.

## Auswahl eines Menschen

Wenn ihr in einem Menschenbau geboren werdet, teilt ihr ihn vermutlich mit bereits von euren Vorgängern halbwegs abgerichteten Tieren. Die leichteste Übung besteht darin, das willensschwächste Exemplar als Nahrungsspender und das sympathischste als Liebesspender herauszupicken. Fällt beides in einer Person zusammen, umso besser.

Wurdet ihr jedoch in Freiheit geboren und meint, es sei an der Zeit, euch »einen Menschen zuzulegen«, raten wir euch, jede Option sorgsam abzuwägen, ehe ihr eure Wahl trefft.

Nutzt all eure Sinne und eure Beobachtungsgabe, um die potenziellen Kandidaten unter die Lupe zu nehmen und euch ein genaues Bild über ihre Lebensumstände zu machen.

Nur wenn ihre Eigenschaften zumindest weitestgehend den Erfordernissen entsprechen, sind sie ernsthaft in Betracht zu ziehen.

Der ideale Mensch verfügt über ein für uns hochwertiges Revier.

Darunter versteht man einen geräumigen Bau mit Zugang zur Außenwelt. Liegt er in der Stadt*, verfügt er über einen Zugang zum Dach und/oder zu einem großen Balkon oder Garten. Liegt er auf dem Land, am Meer oder in den Bergen, verfügt er ebenfalls über einen unkomplizierten Zugang zur Außenwelt.

Der ideale Mensch ist ein geschickter Jäger und bringt erstklassige Beute in den Bau. Seine gesellschaftliche Stellung ist gesichert, sein Territorium geräumig und reich an Annehmlichkeiten und Lagerplätzen.

Der ideale Mensch kann nicht bereits anderen Katzen gehören. Allenfalls ist er seit Generationen im Besitz eurer Familie.

Der ideale Mensch ist nicht allein. Selbst der gutherzigste Einzelgänger kann mit der Effizienz einer ganzen Entourage nicht mithalten. Was, wenn er krank wird? Besser ein Pärchen.

---

* *Stadt:* feste Ansammlung von menschlichen Bauen – siehe auch *Lebensraum.*

Der ideale Mensch hat keine Jungen, damit er sich gänzlich euren Bedürfnissen widmen kann.

Der ideale Mensch ist ein Weibchen. Sie lernen schnell und sind verlässlichere Ernährerinnen. Ein einfühlsames und kluges Männchen geht aber auch.

Es gibt noch weitere Eigenschaften, die allerdings mehr mit Erziehung zu tun haben und auf die ihr unmittelbaren Einfluss nehmen könnt.

Ein Beispiel: Der ideale Mensch vergöttert und respektiert euch; er nutzt seine rohe Kraft und seine gigantische Größe nicht aus, um euch zu knuddeln.

Ferolla

# 2

## Wie man einen Menschen verführt

## Die Umwerbung

Habt ihr euren idealen Kandidaten ausgewählt, könnt ihr zur Eroberung übergehen.

Dabei gilt es zu beachten, dass Menschen in sensorischer Hinsicht eingeschränkt sind. Alles, was Ausdünstungen, Sekretion und dergleichen betrifft, ist bei ihnen vergeudet; es könnte sogar kontraproduktiv sein. Was den sechsten Sinn und die von ihnen als »übersinnlich« bezeichnete Wahrnehmung angeht: totale Fehlanzeige. Ohne es zu merken, latschen sie durch Energiefelder, kosmische Meridiane und Geister. Der Reihenfolge nach werdet ihr euch deshalb auf Sehkraft, Tastsinn und Gehör konzentrieren – mit letzterem ist es auch nicht weit her.

Die erste Begegnung wird deshalb visuell sein: Ihr zeigt euch dem Menschen und gebt ihm zu verstehen, ihn gesehen zu haben.

Wenn ihr die richtige Wahl getroffen habt, sollte ihn die simple Tatsache, dass ihr ihn eines Blickes würdigt, in helle Aufregung versetzen.

## *Der Blick*

Der Blick ist der erste Schritt und die Maßeinheit der Verführung.

- Erhascht den Blick eures Menschen.
- Kneift die Augen ein wenig zusammen.
- Seht woandershin, tut so, als hättet ihr das Interesse verloren.
- Leckt euch nachlässig.
- Blickt ihn erneut an.
- Kneift die Augen ein wenig zusammen.
- Wendet den Blick ab.
- Rekelt euch träge.
- Gähnt.
- Seht ihm in die Augen.

Etc.

Denkt daran, ihn nur kurz anzusehen: Diese Lebewesen halten unseren Blicken nicht lange stand. Aber tut es häufig, verstohlen, über die Schulter; wollt ihr den nächsten Gang einlegen, legt ihr dabei euren Kopf zur Seite.

*Woran erkennt ihr, dass der Blick funktioniert?*

Vor allem daran, dass der Primat euch ebenfalls ansieht. Seine Schnauze kräuselt sich zu einem Lächeln, das in der Menschensprache Behagen signalisiert: Er bleckt die Zähne. Manchmal hockt er sich hin. Häufig stößt er auch Laute in eure Richtung aus.

## Schnurren

Eine Methode, die gut bei Körperkontakt funktioniert, ist Schnurren. Aus irgendeinem Grund, der womöglich mit der Schallfrequenz zusammenhängt, sind die Menschen ganz verrückt danach. Es macht sie glücklich und stolz: Die Tatsache, dass wir uns in ihrer Gesellschaft wohlfühlen, steigert ihre Zufriedenheit und vermutlich auch ein besonders sensibles Gefühl namens Selbstwert.

Vom Schnurren sollte reichlich und großzügig Gebrauch gemacht werden, es ist das Hintergrundgeräusch sämtlicher Verführungsmethoden.

## Lockrufe

Der mächtigste Lockruf für einen wohlgesinnten Menschen ist verhaltenes Miauen.

Je piepsigere und kindlichere Laute ihr zustande bringt, desto besser.

Sie sollten hell und zögerlich sein. Zärtliche, in unterwürfigem Ton geäußerte Rufe. Versucht ruhig, ein Schnurren mit einzubauen und eine Art »Rrrrmiau« von euch zu geben.

Übertreibt es nicht mit den Lockrufen. Setzt sie sparsam ein. Macht euch mit ihnen bemerkbar, aber sobald ihr die Aufmerksamkeit habt, wechselt zu nonverbalen Verständigungen wie Blicke, Schnurren, Um-die-Beine-Streichen und Vorführungen.

Die in der Verführungsphase eingesetzten Laute sind grundverschieden von den modulierteren, mitunter lautstarken und nervtötenden Äußerungen, die ihr im Weiteren zum Einsatz bringen werdet, um die Primaten aus ihrer Dumpfheit zu reißen und ihnen euren eisernen Willen aufzuzwingen.

## Scharwenzeln

Ist das Verführungsrepertoire auf Distanz aufgebraucht, heißt es loszulegen und zu waschechtem Scharwenzeln überzugehen.

Scharwenzeln erfordert Körperkontakt und besteht in

seiner klassischen Form darin, dem Menschen um die Beine zu streichen, sich für einen flüchtigen Augenblick vibrierend an ihn zu schmiegen, weiterzugehen und ihn dabei ein letztes Mal mit dem Schwanz zu liebkosen. Dann macht man unverzüglich kehrt und wiederholt das Ganze auf der anderen Seite. Natürlich dürfen Blicke, Schnurren und sanfte Laute den Vorgang begleiten.

Dies wird beliebig oft wiederholt. Ziel ist es, das Subjekt zu erweichen, bis es sich bückt, uns streichelt, seinerseits Lockrufe ausstößt und im Extremfall ins »Stimmchen« verfällt, ein Phänomen, das wir in Kürze vertiefen werden.

Die nächste Scharwenzelstufe besteht darin, mittels Erklimmens einer geeigneten Vorrichtung auf Schnauzenhöhe des Primaten zu gelangen und das zuvor beschriebene Manöver zu wiederholen; statt um die Beine, streicht man nun an Rumpf, Armen und Gesicht des Lebewesens entlang.

Somit werdet ihr euch zum ersten Mal Schnauze an Schnauze wiederfinden: Ein für den Domestizierungsprozess entscheidender Moment gegenseitigen Vertrauens.

Wenn ihr euch besonders geschickt anstellt, wird sich der Mensch, damit sich das Schwarwenzeln auf Schnauzenhöhe vollziehen kann, auf eure Höhe hinunterbegeben und auf den Boden kauern. Natürlich hängt das auch vom Menschen ab. Es kann Jahre dauern oder gleich beim ersten Mal glücken. Ist das Exemplar alt oder wegen anderer körperlicher Einschränkungen nicht in der Lage, in die Hocke zu gehen, solltet ihr euch nach einer geeigneten Möglichkeit umsehen, seine Schnauzenhöhe zu erreichen. Wenn er sitzt, genügt es, ihm auf den Schoß zu springen.

## Vorführungen

Nun, da ihr das Liebesfeuer in eurem Menschen entfacht habt, haltet es am Lodern.

Zu diesem Zweck stellt ihr eure Schönheit zur Schau.

Schreitet: Zeigt ihm, wie man schreitet.

Setzt euch: Zeigt ihm, wie man sitzt.

Gähnt: Zeigt ihm, wie man gähnt, und lasst dabei eure spitzen weißen Zähnchen, die gerollte Zunge und den ansprechend gemusterten Gaumen sehen.

Reckt euch: Zeigt ihm, wie man sich von den Pfoten bis zur Schwanzspitze streckt. Kreuzt sein Blickfeld, während er am Tisch sitzt und Gegenstände beäugt oder mit ihnen herumfummelt. Legt euch träge auf einen Platz, an dem er euch nicht übersehen kann. Rollt euch wie eine Schnecke zusammen, streckt euch wie ein Seelöwe in der Sonne. Legt euch hin wie eine Sphinx, mit ordentlich parallel ausgestreckten Pfoten. Zeigt euch von vorn und von der Seite; stolziert mit zum Fragezeichen gebogenem Schwanz umher, legt euch seitlich auf den Boden und krümmt euch wie eine Klammer.

Und wenn ihr ihm dann den Gnadenstoß versetzen wollt, ist der Moment des Kugelns gekommen: Streckt euch rücklings aus, zieht die Vorderbeine an wie ein Kaninchen, spreizt die Hinterbeine und zeigt euren Bauch in all seiner pelzigen Pracht. Jetzt rollt ihr nach rechts und nach links und seht dem Menschen dabei in die Augen.

Will dieser euren Bauch berühren, widersteht dem eventuellen Fluchtinstinkt, lasst ihn machen und wiegt euch dabei von einer Seite zur anderen.

Wenn er eure Schnauze berührt, schmiegt euren Kopf in seine Hand und lasst ihn unter heftigem Schnurren dort.

Sofern ihr es nicht mit einem Mängelexemplar zu tun habt, sollte der Mensch euch in diesem Stadium bereits gehören.


### Die Tollheits-Olympiade

Neben der reinen Zurschaustellung der Schönheit gibt es noch die Tollheits-Olympiaden, jene Momente, in denen der Katzenwahnsinn einen packt, man wie irre durchs Haus flitzt, sich blitzartig an Möbeln und Vorhängen hochhangelt, scheinbar grundlose Luftsprünge vollführt und auf unbelebte Gegenstände losgeht.

Normalerweise lösen diese akrobatischen Kunststücke beim Menschen Adrenalinschübe aus, die seine Affenliebe für uns befeuern.

## *Rituale*

Rituale festigen und stärken die Bindung. Nutzt eure Kreativität, um alltägliche oder zumindest wiederkehrende Gewohnheiten zu etablieren, die ihr mit eurem Primaten teilt. Das kann ein Mittagsschläfchen sein, ein abendlicher Spaziergang ums Haus; jede regelmäßig geteilte Aktivität ist der Sache dienlich.

Der berühmte Luigino da Poponaia, ein seit Generationen von Menschen verehrter roter Kater vom Comer See, sprang jeden Morgen, sobald sein Mensch, das Alphaweibchen der Familie, zur Nahrungsaufnahme schritt, auf den Esstisch, legte seine Pfote in die des Primaten und behielt die »Händchenhalten« genannte Position während des gesamten Vorgangs bei.

Die verführerische und gefährliche Graue Mieze Bicia kam jedes Mal angerannt, sobald die Titelmelodie von *Frei geboren* erklang, der Geschichte der Löwin Elsa, die ein Menschenpärchen in Südafrika adoptierte. Jede andere Fernsehsendung wurde von ihr verschmäht, doch von dieser Serie, die sie zusammen mit dem Rest der Familie von ihrem Ehrenplatz auf der Armlehne des Sofas verfolgte, verpasste sie keine Folge.

Solche Rituale sichern euch einen immerwährenden Platz im Herzen dieser Lebewesen, sie brennen sich in ihr Gedächtnis ein, werden herumerzählt und zuweilen an die Nachkommen weitergegeben.

## *Nähe*

Habt ihr euren Menschen erst einmal am Haken, könnt ihr mit ihm spielen: Springt buchstäblich auf ihn drauf, tretet ihn, trampelt auf ihm herum. Er wird es lieben. Sucht regelmäßig Körperkontakt.

Findet eine bequeme Nische zwischen seinem Körper und dem Sofa, auf dem er sitzt, und rollt euch dort zusammen, halb auf seinem unnatürlich angewinkelten Fuß, halb auf seinem Schenkel.

Tut so, als würdet ihr schlafen, und zwingt ihn damit

stundenlang zu einer unbequemen und schmerzhaften Position.

Sofern es die Haltung des Menschen erlaubt, hockt euch auf seine Brust und macht ihm das Atmen schwer.

Der Schoß ist eine weitere, beharrlich aufzusuchende Stelle.

Sobald ihr es euch bequem gemacht habt, könnt ihr mit dem Kneten beginnen, einer rhythmischen Druckbewegung mit den Pfoten, bei der ihr die Krallen sanft in den Pulli, das T-Shirt* oder direkt in sein Fleisch bohrt. Wichtig ist, dass ihr dabei schnurrt, euch eventuell ansatzweise kugelt, sobald der Mensch euch ansieht, und euer Wohlbefinden bekundet.

## Verschwinden

Gelegentlich ist es gut, zu verschwinden und sich durch uralten Katzenzauber für wenige Minuten oder auch mehrere Stunden in Luft aufzulösen. Bei den Methoden des Verschwindens brauchen wir hier nicht ins De-

---

\* *Pulli, T-Shirt:* Erscheinungen der *Dingitis* – Schichten von Dingen, die den Körper des Menschen einhüllen, gewonnen aus anderen Tieren geraubtem Fell oder aus Pflanzen.

tail gehen: Da sie allen Katzen seit Urzeiten geläufig sind, bedürfen sie keiner weiteren Erläuterung.

Es ist lediglich ratsam, hin und wieder davon Gebrauch zu machen.

Macht euch unsichtbar und widersteht der Versuchung, euch zu zeigen, mögen die Rufe des Menschen auch immer hektischer und verzweifelter werden.

Eine Prise Drama fördert die Leidenschaft des Primaten ungemein.

### Das Phänomen des Stimmchens

Ein Zeichen für den Erfolg eurer Verführungstaktik ist »das Stimmchen«.

Hierbei handelt es sich um besonders unangenehme, durchdringende und anhaltende Laute. Erwachsene Menschen stoßen sie für gewöhnlich beim Anblick von Jungen ihrer eigenen oder einer anderen Spezies aus. Der Vermutung nach gibt der Mensch sie von sich, sobald er von Liebe überwältigt wird. Das Stimmchen wird normalerweise von sinnfreien, mit inexistenten Wörtern gespickten Sätzen begleitet wie »Wer ist denn dieser Minimann?« oder »Wer hat denn solche Patschepfötchen?«.

In Extremfällen produziert das Stimmchen vermurkste Sätze wie »Hattu süße Patschipfotis?« und ähnliche Entsetzlichkeiten, die zu peinlich sind, um sie zu wiederholen.

Im Allgemeinen ist das Stimmchen Vorbote oder Begleitmelodie eures Triumphes.

Natürlich lässt sich das nicht verallgemeinern: Manche Menschen verfallen bei jeder Art von Jungen oder Tierwesen und mitunter sogar bei Gegenständen oder Pflanzen in das Stimmchen, andere benutzen es nie und erweisen euch dennoch tiefe, treue und unerschütterliche Liebe.

# 3

# Der Lebensraum

## Das Menschenrevier

Menschen sind soziale Tiere und versammeln sich in vielzähligen Gemeinschaften; sie leben in Kolonien – Dörfer, Städte, Häuser – und unternehmen häufig und vor allem in der warmen Jahreszeit periodische Massenwanderungen.

Der Durchschnittsmensch lebt in einem Bau, der hinsichtlich Größe und Bequemlichkeit stark variieren kann. Es gibt auch Extremfälle: Individuen, die in Wohnwagen, Baumhäusern oder Jurten leben. Uns interessiert jedoch vor allem der potenzielle Bewohner eines Schlosses, eines Hauses oder zumindest einer Dachgeschosswohnung.

Ganz unabhängig von seiner Art oder Größe, ist der Bau – ihr ahnt es – von Dingen befallen: Gegenstände jeglicher Beschaffenheit und Dimension, die zumeist nicht benutzt werden, aber dennoch Platz rauben. Diese zahllosen Dinge werden in größeren Gegenständen, sogenannten Möbeln, aufbewahrt. Somit ist die Bewegungsfreiheit im Bau durch die Dingitis äußerst eingeschränkt.

Zur Befriedigung der Grundbedürfnisse bietet das menschliche Habitat sämtlichen Komfort: Es gibt zahlreiche Quellen, über die der Primat jedoch nach seiner Willkür verfügt.

In etlichen Verstecken lagert der Mensch Futterreserven.

Wärmequellen im Winter und luftige Plätzchen im Sommer sind reichlich vorhanden.

In den Wänden verbergen sich Rinnsale und Hohlräume, durch die Wasser, Gas und sogar menschliche Exkremente fließen, von geheimnisvollen Kräften verschluckt.

In einem Menschenrevier gibt es stets ausreichend zu trinken, zu essen, Ruhe und sogar Örtchen, an denen ihr eure Notdurft verbuddeln könnt.

Manche Baue verfügen über Sportgeräte, um die Krallen daran zu wetzen. Möbel bieten eine gute Alternative, auch wenn sich die meisten Primaten nicht recht darüber freuen und manchmal sogar rebellieren.

Da Menschen gewohnheitsmäßige Zweibeiner sind, spielt sich ihr Leben vor allem im Bereich zwischen Genitalien und Schädel ab. Alles in dieser Höhe gehört zu ihrem Reich, allein das Bett, ihr nächtliches Ruhelager, ist im niedrigeren Bereich. Folglich bleibt sämtlicher Raum unterhalb ihrer Knie und über ihren Köpfen so gut wie ungenutzt.

Der Fußboden mit seinen Landschaften aus Fliesen, Holz und vor allem Teppichen ist uns überlassen und bietet zahllose maßstabsgetreue Miniaturen der menschlichen Behausung, mit Unterbauen und möglichen Verstecken unter den Einrichtungsgegenständen.

Mithilfe hoher Möbel kann man sich in einer Sphäre oberhalb des häuslichen Lebens bewegen. Regale, Schränke und – sofern man abenteuerlustiger ist – Vorhänge und Hängelampen zu erklimmen, verbindet gesunde körperliche Ertüchtigung mit Entdeckerfreude, um die Aktivitäten im Bau von besonderen Aussichtspunkten aus zu beobachten.

Das Innere der Möbelstücke – Schränke, Kommoden, Küchenschränke, die geöffnet sind oder die ihr zu öffnen lernt – kann erfreuliche Überraschungen bereithalten: lauschige Ruhelager, Nahrungsquellen, kostbare Verstecke.

# *Ruhelager*

Ruhelager sind eines der unbestrittenen Wunder der Menschenwelt. Menschen sind wahre Meister darin, sie zu erschaffen, und sie verdienen ein Kapitel für sich.

Kissen, Körbchen, Stühle, Sofas: Der Bau des Primaten ist ein Schlaraffenland der Behaglichkeit.

Das Nonplusultra ist das Doppelbett, eine große, gepolsterte, mit weichen Schichten bedeckte Fläche, unter die die Menschen schlüpfen, um zu schlafen.

Das Bett bietet zahlreiche Genüsse:

- wird es gemacht, könnt ihr euren Beitrag leisten, indem ihr zwischen den einzelnen Schichten herumtollt und sie energisch zurechtzieht;
- zum Schlafen und Faulenzen;
- zur körperlichen Ertüchtigung und um Jagd auf die Wulste zu machen, die sich unter den Schichten bewegen, vor allem im Bereich der menschlichen Hinterpfoten;
- um euch vor möglichen Gefahren oder Scherereien zu verstecken, entweder unter den weichen Schichten oder unter dem Doppelbett selbst, das es den Menschen wegen seiner Breite schwer macht, euch mit ihren Pfoten zu erreichen;

- um zu spucken, wenn euch übel ist. Sollte das Bett aus irgendeinem Grund nicht erreichbar sein, könnt ihr euch auf einem Sofa, einem Sessel oder schlimmstenfalls auf einem Teppich übergeben; lediglich den nackten Fußboden solltet ihr meiden und tunlichst nach einem möglichst kostbaren Stoff Ausschau halten;
- um zu werfen[*].

Gleich nach dem Ehebett kommt das Sofa.

Im idealen Lebensraum gibt es mehrere Wohnzimmer oder zumindest mehrere Sofas, sodass ihr, selbst wenn euer Primat Gäste empfängt – eine Tätigkeit, die diese Lebewesen mit unerklärlicher Beharrlichkeit ausüben –, stets euren gesicherten Platz habt.

Das behaglichste Ruhelager bleibt jedoch der vom Menschen vorgewärmte Platz. Da es sich um ruhelose Lebewesen handelt, können sie nicht lange stillhalten; achtet darauf, in ihrer Umgebung zu bleiben und, kaum steht der Mensch auf, seinen Platz einzunehmen. Wenn

---

[*] Als ihr der von ihren Menschen für die unmittelbar bevorstehende Geburt zurechtgemachte Platz gezeigt wurde – ein Schrank in einer Abstellkammer (pfui!) –, heuchelte die Katze Tigre aus reiner Höflichkeit mildes Interesse; dann warf sie gemütlich im herrschaftlichen Ehebett, wie es sich für ihren Rang gebührte, und brachte dort den legendären Bobo und seine Schwestern zur Welt.

er zurückkehrt, tut so, als würdet ihr schlafen. Entfernt er euch, bleibt geduldig in seiner Nähe, bis er wieder aufsteht.

Laut Prinz Leopoldino wärmt das gut abgerichtete Exemplar ein Ruhelager vor, steht auf, geht weg, und findet es seine Sitzgelegenheit bei der Rückkehr besetzt, rückt es einen Platz weiter, um euch nicht zu stören, und erwärmt eine neue kalte Sitzgelegenheit.

Gut möglich, dass die Menschen eigens für euch vorgesehene Ruhelager bereitstellen, doch sind diese meist weniger bequem. Dennoch solltet ihr sie wenigstens ein- oder zweimal benutzen, um ihnen zu zeigen, dass ihr den für euch gemachten Aufwand zu schätzen wisst.

Improvisierte Ruhelager von Interesse sind auch Stapel frisch gewaschener, gebügelter Wäsche, die stets angenehm duftet, sowie Mäntel und Taschen von vorzugsweise an Katzenallergie leidenden Gästen.


## Grenzen

Genau wie Katzen, zeigen auch Menschen ein ausgeprägtes Revierverhalten. Leider markieren diese Säugetiere ihr Revier nicht mit Urin oder anderen Duftsignalen. Zu erkennen, wo das Revier eines Exemplars beginnt und wo es endet, ist deshalb nahezu unmöglich, zumal, wenn man den Bau verlässt und sich im Freien aufhält.

Folglich kann es zu scheinbar sinnfreien Szenen kommen: Euer Primat wird unruhig und stößt heftige Laute in eure Richtung aus; er zeigt euch beträchtliche Mengen Futter, um euch damit anzulocken; er versucht, euch unter Lebensgefahr aufs Dach zu folgen; er legt sich mit einem unbekannten Primaten an.

All das könnte damit zu tun haben, dass der Balkon eures Menschen ab einem gewissen Punkt dem Nachbarn oder der Hausgemeinschaft gehört. Das betrifft euch nicht wirklich: Ihr geht hin, wo es euch passt. Aber es ist dennoch gut zu wissen.

Allerdings begegnet man der Grenzmanie auch im Inneren des Baus, der normalerweise aus abgeschlossenen Abteilungen besteht. Zwischen einem Bereich und dem nächsten gibt es meist eine Tür: eine bewegliche Wand, die zur Seite gleitet oder sich um ein Scharnier dreht und die man mit einem auf halber Höhe herausstehenden Gegenstand namens Türgriff bedient; dieser ist, wie der Name schon sagt, eigens dafür gemacht, um danach zu greifen.

Türen können ganz plötzlich auf euch losgehen, bewegen sich mitunter auch ohne menschliches Zutun und krachen ins Schloss.

Zeigt euch Türen gegenüber kämpferisch.

Macht von vornherein klar, dass ihr sie allesamt geöffnet wünscht.

Gewöhnt euch an, möglichst lang auf der Schwelle zu verharren.

Wenn sie darauf bestehen, eine Tür zu schließen, schreit lautstark, dass ihr hineinwollt. Seid ihr drin und sie schließen die Tür, schreit lautstark, dass ihr hinauswollt. Wiederholt diesen Vorgang so oft wie nötig. Ziel ist es, die Primaten so mürbe zu machen, dass sie die Türen offen lassen oder kleine, eigens für euch vorgesehene Türen einbauen, sogenannte Katzenklappen, durch die man nach Herzenslust hinein- und hinausspazieren kann.

Sind eure Menschen besonders schwer von Begriff, müsst ihr notgedrungen lernen, Türen selbst zu öffnen.

Die Technik besteht darin, auf den Türgriff zu springen, sich daran festzuklammern und mit dem ganzen Gewicht dranzuhängen. Der Schwung des Sprungs sollte genügen, um sie in Bewegung zu setzen. Seid ihr zu zweit, arbeitet im Team: Einer springt auf den Türgriff, der andere schiebt die Tür auf.

Sollte die Tür sich in eure Richtung öffnen, folgt dem Sprung an die Klinke ein energischer Hüftschwung. Sollte euch diese Technik zu anspruchsvoll sein, könnt ihr immer noch auf einen Menschen zurückgreifen.

Von besonderer Bedeutung ist die Eingangstür, die das Revier des Menschen vom Rest der Welt trennt.

Egal, was sich hinter dieser Tür befindet – ein wilder Garten oder ein stinknormales Treppenhaus –, ihr setzt alles daran, um sie zu überwinden und euch bei der erstbesten Gelegenheit aus dem Staub zu machen.

Im Fall eines Gartens lasst euch Zeit und kehrt erst zurück, wenn ihr von den Widrigkeiten der Natur die Nase voll habt.

Befinden sich dahinter nur Treppenabsätze und Stufen, nehmt trotzdem Reißaus, als ginge es um euer Leben, und sei es nur, um ein paar Sekunden später auf dem nächsten Treppenabsatz haltzumachen.

Ein solches Verhalten mag sinnlos erscheinen, ist es aber nicht.

Es kann euch Futter sichern.

Prinz Leopoldino beispielsweise hat auf diese Weise seine Primaten abgerichtet: Kaum übertritt er die Eingangsschwelle und flitzt die Treppen hinauf, holt der diensthabende Mensch, bestürzt über die Flucht seines Lieblings, die Leckerlischachtel und schüttelt sie verzweifelt wie eine Rassel, um ihn zurückzurufen. Erst dann lässt sich der Prinz dazu herab, in sein Reich zurückzukehren und seinen Snack zu genießen.

Nicht alle sind so geschickt wie er, und es ist nicht gesagt, dass diese Methode euch Futter sichert.

Trotzdem stellt ihr damit klar, dass ihr keine Selbstverständlichkeit seid. Es ist wichtig, ihnen einen Schrecken einzujagen und sie glauben zu lassen, sie könnten euch verlieren, sollten sie euch das Zusammenleben nicht rundum unwiderstehlich machen.


Im Gegensatz zu Türen öffnen sich Fenster vor allem zur Außenwelt. Da sie sich in größerer Höhe befinden, erfordern sie einen Sprung, und bis man das Fensterbrett nicht erreicht hat, ist ärgerlicherweise nicht abzusehen, wie viel Landeplatz es bietet und was sich dahinter befindet. Eine eingehende Inaugenscheinnahme der Gegebenheiten ist vor dem Sprung unerlässlich; lasst euch nicht von fiesen Tauben ablenken: Ist ein Fenster im Spiel, ist volle Konzentration gefragt. Menschen leben in übereinandergestapelten Revieren, die mitunter schwindelerregende Höhen erreichen, und das ist womöglich einer der seltenen Fälle, in denen sie uns überschätzen: Da sie von unserer Fähigkeit wissen, auf allen vieren zu landen, neigen sie dazu, die Gefahren von Gesimsen, Geländern und Fensterbrettern zu unterschätzen.

Es ist traurig zu sagen, doch die Höhe hat schon unzählige Opfer gefordert.

## Kolonialismus

Habt ihr eurem Menschen beigebracht, euch nach Bedarf herein- und hinauszulassen, könnt ihr die Kolonisierung angrenzender Reviere in Erwägung ziehen.

Luigino, der rote Kater vom Comer See, führte eine Zeit lang ein glückliches Doppelleben mit verschiedenen Identitäten und einer zweifachen Menge an Ruhelagern, Futter und Streicheleinheiten. Er verließ den Bau der ersten Adoptivfamilie und spazierte eine Treppe tiefer geradewegs bei seiner zweiten Familie hinein. Eine äußerst bequeme Lösung.

Eines Tages, als Mensch Nr. 1 der Dingitis frönte, fiel ihm ein Socken vom Wäscheständer auf den darunterliegenden Balkon. Er klopfte ein Stockwerk tiefer, um ihn wiederzuholen: Ihr könnt euch seine Überraschung vorstellen, als er Luigino auf einem eigens für ihn im Wohnzimmer errichteten Thron antraf, mit anderen Futterschalen, anderen Anbetern und einem anderen menschlichen Namen. Und vor allem könnt ihr euch Luiginos Überraschung vorstellen, als Mensch Nr. 1 ganz unerwartet – und uneingeladen – im Revier von Nr. 2 auftauchte.

# 4

# Zusammenleben und häusliche Erziehung

## Futter

Menschen sind als Jäger unberechenbar. Manchmal verlassen sie tagelang den Bau und kehren mit leeren Händen zurück, andere Male sind sie nur wenige Minuten fort und kommen mit Beute schwer bepackt wieder.

Ihre Jagdmethoden bleiben für uns ein Rätsel. Sicher ist, dass sie große Mengen Futter in ihrem Bau verstecken – törichterweise an den immer gleichen Orten – und es zu festgelegten Zeiten hervorholen. Besonders ein dauerkaltes Versteck bringt immer neue Wunder hervor, und als könnten sie es selbst kaum fassen, machen sie es ständig auf und zu. Dieser ewige Quell von Köstlichkeiten nennt sich Kühlschrank, und wenn er geöffnet wird, ist es ratsam, in der ersten Reihe zu stehen.

Da sie zu festen Zeiten essen, neigen sie dazu, auch uns dazu nötigen zu wollen. Es ist nicht leicht, ihnen beizubringen, uns in jedem beliebigen Moment mit Futter zu versorgen, aber keine Angst: Das bekommt ihr hin.

*Phase eins*

Macht als Erstes den Ort ausfindig, an dem sie euer Futter verstecken: Es geht darum, sie dorthin zu führen, und dazu bietet ihr euer gesamtes Verführungsrepertoire auf, von Blicken bis zu heftigstem Scharwenzeln.

Beginnt mit dem Scharwenzeln an einem beliebigen Ort des Baus, und habt ihr die Aufmerksamkeit des Menschen geweckt, schiebt ihr ihn unmerklich, immer seine Beine umschmeichelnd, in Richtung Futterlager, bis ihr davorsteht. Dort stoßt ihr heftige Laute aus und, wenn nötig, tut so, als würdet ihr fressen, indem ihr stumm das Maul öffnet und schließt.

Einige setzen auch auf telepathische Kommunikation: Hockt euch mit geschlossenen Pfoten möglichst nah an die Futterquelle, starrt den Menschen an und erteilt ihm mental den Befehl »Du wirst mich füttern«. Bei besonders empfänglichen Individuen kann das funktionieren.

Habt ihr es mit einem gefügigen und lernwilligen Primaten zu tun, ist dieses Repertoire mehr als ausreichend.

Doch nehmen wir an, der Mensch will euch nicht Folge leisten; er ist von Dingitis befallen und ganz darin versunken, mit Dingen zu hantieren, sie anzustarren oder mit ihnen zu sprechen.

In dem Fall sind fortgeschrittenere Methoden erforderlich.

Wir führen sie der Reihe nach auf; sollte die eine nicht funktionieren, geht zu der nächsten, verschärfteren über und so weiter.

- Spaziert vor ihm auf und ab, möglichst auf den Gegenständen, die er beäugt oder mit denen er zugange ist, um ihm Dringlichkeit zu signalisieren.
- Handelt es sich um einen Gegenstand mit Tastatur, spaziert darüber und drückt mehrere Tasten in fataler Kombination gleichzeitig.
- Setzt euch vor ihn hin und maunzt ihm ins Gesicht.
- Wenn er euch wegträgt, maunzt in unmittelbarer Nähe weiter.
- Schließt er zwischen euch und ihm eine Tür, versucht sie niederzureißen und maunzt laut weiter. Wir wissen, das ist lästig, doch am Ende scheint die Lautsprache, die einzige zu sein, die diese Spezies wirklich versteht.
- Wenn es Gegenstände gibt, an denen der Primat besonders hängt (Sammlungen, Kristallgläser, Porzellan, wertvolle Präzisionsinstrumente für seine verschiedenen Tätigkeiten, andere geeignete Objekte), springt mitten hinein und versichert euch, dass er es bemerkt.

- Gibt es im Haus weitere Katzen oder andere, euch untergebene Tiere wie beispielsweise Hundeartige, ist jetzt der Moment, sie zu schikanieren, bis sie sich lautstark beschweren. Das kann auch ein Bluff sein, solange er überzeugend ist: Prinz Leopoldino und sein Bruder, der weltberühmte Kapitän Fracassa, simulieren erbitterte Kämpfe mit herzzerreißendem Geschrei, um ihren Menschen aus seiner Dumpfheit zu reißen; eine äußerst verlässliche Masche.

- Wenn es sonst niemanden gibt, mit dem man Zoff vom Zaun brechen kann, bleibt nur noch der physische Angriff auf den fraglichen Menschen. Es ist nicht unsere Art, gegenüber diesen armen Kreaturen Gewalt anzuwenden, doch manchmal geht es nicht anders. Ein kleiner Biss, ein leichter Tatzenhieb mit halber Kralle sollten genügen, um den Primaten dazu zu bewegen, jammernd aufzustehen und endlich seine Pflicht zu tun.

Zum Schluss noch eine sehr typische Situation: Stellen wir uns vor, der Mensch schläft tief und ihr verspürt einen leichten Appetit.

Die Methoden sind die bereits beschriebenen, in leicht abgewandelter Form.

In dieser Reihenfolge:

- Miaut ihm sanft in die Ohren (das sind diese verkümmerten Dinger zu beiden Seiten des Kopfes).
- Setzt euch auf seine Brust und maunzt laut und eindringlich in unterschiedlichen Tonlagen.
- Lasst Gegenstände von einem Möbelstück neben dem Bett fallen: Falls es ein Glas mit Wasser gibt, nehmt das.
- Klettert auf ein Möbelstück neben dem Bett und werft euch aufs Bett.
- Klettert auf ein Möbelstück neben dem Bett und werft euch auf den Menschen.
- Schlagt ein anderes Familientier (möglichst auf dem Bett).
- Schlagt den schlafenden Menschen, erst sacht, dann immer energischer, vom schüchternen Tatzenhieb auf die Nase bis zur krallenbewehrten Ohrfeige.
- Wenn sich der Primat taumelnd hochrappelt, um seiner Pflicht nachzukommen, lauft ihm freudig zwischen die Füße und tut lautstark eure Begeisterung kund. Es ist wichtig, ihm stets begreiflich zu machen, dass ihr seine Mühen zu schätzen wisst.

*Wenn sie essen*

Menschen essen für gewöhnlich rund um einen Tisch, und dieses Unterfangen geht mit einem gewaltigen Schub Dingitis einher; der Tisch ist voller Gegenstände. Bringt ihnen bei, Platz für euch zu lassen. Anfangs kann das ganz am Rand sein, weil sie glauben, von dort kämt ihr nicht an das Essen. Doch nach und nach gewinnt ihr an Boden, bis ihr einen zentralen Platz am Tisch erobert habt, von dem aus ihr mit Blicken, Lauten und, wenn nötig, gierigen Tatzenhieben nach den gewünschten Bissen verlangt.

Ein Meister dieser Fertigkeit ist Kapitän Fracassa: Er ist ein riesiger schwarzer Kater, schwer wie ein mittelgroßer Hund, der sich zur Essenszeit seiner Menschen mit an den Tisch begibt. Zunächst hockt er sich an den Rand; dann macht er sich die Konzentration der Primaten auf ihr Futter zunutze und rückt unmerklich näher, bis er neben einem der Menschen sitzt und den Kopf in einer »Ochs und Esel« genannten Haltung[*] über dessen Teller reckt. Dennoch gibt er sich weiterhin gleichgültig,

---

[*]  Zum Mythos von *Christi Geburt* gehört das Bild eines Ochsen und eines Esels, die mit schnaubenden Mäulern über einer Futterraufe stehen. Der Mythos wird mit der Krippe nachgestellt, ein jeden Winter eigens zu eurem Vergnügen arrangierter Zeitvertreib, alternativ zu oder zusammen mit einem Baum voller Kugeln.

als ließe ihn das im Gang befindliche Geschehen völlig kalt, als sei er rein zufällig dort. Nach einer Weile, wenn die Menschen sich an seine Gegenwart gewöhnt haben, schlägt er zu.

Er hat zwei Techniken: erstens, sich strecken. Eine der Pfoten reckt sich träge Richtung Teller und versucht dabei, ein Stück Käse oder andere Nahrung zu angeln, die halbwegs interessant erscheint. Die Bewegung ist natürlich, aber gemächlich, weshalb die Technik häufig versagt. In dem Fall kommt die zweite Technik zum Einsatz: ein blitzschneller Tatzenhieb, um sich den Bissen zu schnappen.

Häufig geht auch dieser Versuch daneben, doch unterm Strich ist das Ergebnis immer positiv; schlimmstenfalls schieben ihm seine Menschen, die wirklich gut erzogen sind, am Ende ihrer Mahlzeit freiwillig ein paar Häppchen zu.

Im Laufe der Domestizierung werdet ihr Kostproben verschiedener Gerichte akzeptieren und sogar Interesse an Pflanzen wie Kürbis, Zucchini, Bohnen und Spargel zeigen; für Oliven, Milchprodukte und bestimmte Fleisch- und Fischsorten könnt ihr Begeisterung bekunden. Das jedoch nur, wenn die Nahrung vom Tisch oder direkt aus den Händen der Menschen kommt.

Landet dieselbe Nahrung in eurem Schälchen, schmeckt sie euch nicht mehr.

Damit kommen wir zum Kernpunkt des gesamten Prozederes: Das bisher Dargelegte ist nur der erste Teil der Abrichtung.

### Phase zwei

Interessant ist die nächste Stufe: Nahrung verächtlich ablehnen.

Nicht nur, wenn das Menü eintönig oder von minderer Qualität ist.

Beäugt das, was euch angeboten wird, hin und wieder aus Prinzip mit Ekel und entfernt euch beleidigt.

Das wird die Primaten in Verwirrung und Sorge stürzen und könnte zu einer eindeutigen Verbesserung eures Menüs führen.

Prinz Leopoldino beispielsweise verachtet sämtliches Sashimi bis auf Thunfisch und Seebarsch, auf die er ganz wild ist. Er beäugt Lachs ohne Interesse und zeigt sich von Krabben angewidert. Bei einigen Nahrungsmitteln beschränkt er sich darauf, an der Gelatine zu lecken. Von anderen entfernt er sich mit einem verschreckten Sprung. Und es funktioniert. Nur die besten Bissen landen in seinen Fängen, und jedes Mal, wenn seine Men-

76

schen Sushi essen, wird extra für ihn Thunfisch und Weißfisch bestellt.

Eure irgendwann sprichwörtliche Mäkeligkeit wird schließlich zur Herausforderung für den Menschen: Er wird glücklich und stolz sein, wenn er ein Gericht findet, das ihr sichtlich zu schätzen wisst.

## Ruhepausen

Menschen sind entsetzlich rege und ruhen sich sehr selten und obendrein nachts aus. Es wird nicht ganz einfach sein, euren natürlichen Rhythmus an den ihren anzupassen.

Tagsüber sind sie von hektischem und sinnlosem Aktivismus ergriffen. Häufig wirken sie müde, doch statt innezuhalten und ein Päuschen einzulegen, wie Mutter Natur es gebietet, überwinden sie sich, stimulieren sich mit anregenden Getränken und hampeln weiter, bis sie abends nach stundenlanger, unermüdlicher Betriebsamkeit endgültig zusammenbrechen.

Sind sie tagsüber nicht im Bau, könnt ihr ganz entspannt von einem Schläfchen zum nächsten Nickerchen, vom

Dösen zur Siesta übergehen, mit kleinen Pausen, um ein paar Leckerlis zu knabbern, Geckos auf dem Balkon oder im Garten zu jagen und euch ausgiebig zu putzen.

Wenn sie im Bau sind, könnten sich friedliche Ruhepausen schwieriger gestalten: Etliche ihrer Aktivitäten sind laut oder heimtückisch. Die unserer Ansicht nach grässlichste Betätigung besteht darin, einen klobigen, röhrenden und saugenden Gegenstand ohne Rücksicht auf die Ruhe der Bewohner durchs ganze Revier zu schieben. Leider gibt es bis heute keine Methode, unsere Lieblinge von diesem Zeitvertreib abzuhalten.

Jedenfalls kann es sinnvoll sein, sich im Rahmen des Möglichen an ihren Rhythmus anzupassen, und obwohl ihr euch des Nachts naturgemäß munter und abenteuerlustig fühlt, ist dies in einem Menschenbau tatsächlich der ideale Moment, um sich auszuruhen.

Es gehört zur Grundabrichtung, vorzugsweise auf eurem Exemplar zu ruhen und ihn an jeder Bewegung zu hindern.

Dies lässt sich beim sitzenden Primaten durchführen, doch noch bequemer ist es, wenn er auf dem Möbelstück liegt, das zu eurem großmütig mit ihm geteilten Lieblingsplatz werden wird: das Bett.

Besetzt das Lager, sobald der Zweibeiner sich hinlegt, oder besser noch kurz davor; wenn er sich die Zähne putzt, ist das ein klares Anzeichen.

Wählt einen zentralen Platz und macht es euch bequem: Er wird sich anpassen und eine Randposition wählen. Nun könnt ihr es euch gemütlich machen und den oder die Menschen endgültig dorthin verbannen, wo sie euch nicht allzu sehr stören. Jedwede Einbuchtung des menschlichen Körpers – da er lang und kantig ist wie eine riesige Stabheuschrecke, hat er davon etliche – ist ideal, um sich hineinzuschmiegen: zwischen den Beinen, hinter einem angewinkelten Knie, am Bauch, zwischen Knöchel und Fuß oder auch am Kopf. Hauptsache, ihr klebt förmlich an ihm, was ihn in Verzückung versetzt.

Sofern ihr es schafft, gehört es zum guten Ton, bis zum Morgengrauen zu warten, ehe man ihn weckt und nach dem ersten Frühstück verlangt.


## Verständigung

Ähnlich wie Vögel sind Menschen echte Sängernaturen und stoßen eine nahezu ununterbrochene Abfolge von Lauten aus.

Sie kommunizieren auch nonverbal, allerdings eher unbewusst.

Während eures engen Zusammenlebens werdet ihr lernen, ihre Absichten zu verstehen und natürlich einige Sätze, Wörter und Ausdrücke ihrer drolligen Sprache zu unterscheiden. Was sie auf gar keinen Fall merken dürfen. Das wird euch ihnen gegenüber einen gehörigen Vorteil verschaffen.

Es lohnt sich, ihre Absichten im Voraus zu kennen und, sofern möglich, die erforderlichen Gegenmaßnahmen zu ergreifen.

Haben sie vor, euch einen üblen Streich zu spielen, euch beispielsweise Gift* zu verabreichen?

Planen sie, einige Tage wegzufahren und euch der unbefriedigenden Pflege des Menschen vom unteren Stockwerk auszuliefern?

Um die Wichtigkeit von Verschwiegenheit zu verstehen, genügt ein Blick auf die meisten Hunde: völlig versklavt.

Sobald ihr euch anmerken lasst, dass ihr ihre Sprache

---

* Euer Mensch wird euch in regelmäßigen Abständen kleine Mengen Gift verabreichen, die er als Medizin, Flohschutzmittel oder mit anderen Fantasienamen bezeichnet.

versteht, könnten die Primaten erwarten, dass ihr euch entsprechend verhaltet, und sogar beleidigt reagieren, wenn ihr es nicht tut.

Erwiesenermaßen variiert die verbale Verständigung dieser Kreaturen je nach ihrem geografischen Aufenthaltsort; diese Widrigkeit hat mit einem Konzept zu tun, das entfernt an das Prinzip der Türen und damit an die von dieser Spezies gezogenen imaginären Grenzen erinnert.

Verschiedene Menschensprachen zu sprechen, ist allerdings nur dann wichtig, wenn ihr euch auf internationalem Terrain bewegt.

Prinz Leopoldino beispielsweise spricht drei Sprachen: Italienisch, Englisch und Französisch. Letzteres hat er sich selbst beigebracht, weshalb er darin weniger fließend ist als in den beiden anderen.

Hin und wieder singen und tanzen die Menschen. Wenn sie rhythmische Laute ausstoßen, jaulen, trillern, gurgeln und dabei mit den Augen rollen, sagt man, sie würden singen. Wenn sie sich bewegen, als würden sie von einem Wespenschwarm verfolgt, auf der Stelle hopsen, wackeln, sich schütteln, die Gliedmaßen in alle Richtungen schlenkern, sich jäh zusammenkauern, sagt man, sie würden tanzen. In unseren Augen erscheinen diese Verhaltensweisen unverständlich und vor allem abgrundtief peinlich.

Es handelt sich um Bekundungen von Freude und Lebendigkeit; solang ihr den Radius ihrer klobigen Pfoten beim Tanzen meidet, sind sie nicht gefährlich.

## Missachtung der Privatsphäre

Methoden zur Missachtung der Privatsphäre sind wertvoll, um eure gesellschaftliche Stellung im Haus und eure Herrschaft über den Menschen zu stärken.

Außer eurem Menschen auf die Pelle zu rücken, während ihr schlaft oder so tut, als würdet ihr schlafen, gibt es noch ein paar andere Situationen, in denen ihr eure diskrete, wiewohl unvermeidliche Anwesenheit deutlich machen könnt.

### Im Bad
Betretet es immer, um ihn bei dem, was er gerade macht, genau zu beaufsichtigen. Tut so, als wäre nichts und als würde es euch nicht wirklich interessieren; lasst euch trotzdem zuverlässig blicken, und sei es nur zu einer raschen Kontrolle.

Sobald sich der Mensch in einer besonders wehrlosen Lage befindet – wenn er aus der Dusche kommt oder gerade auf dem Klo sitzt –, denkt daran, die Badezimmertür weit aufzustoßen.

Sollte euer Katzenklo ebenfalls dort stehen, versucht, eure *defecatio* in seiner Gegenwart zu erledigen, sodass er in den vollen Genuss des Gestanks kommt; am besten, wenn dem Menschen die Flucht unmöglich ist.

## Während der Paarung

Sofern es nicht zu gefährlich ist, haltet euch direkt am Ort des Geschehens auf. In den meisten Fällen vollzieht sich der Akt auf dem Doppelbett, auf dem ihr eine Randposition einnehmt.

Selbst diese simple Übung wird von den Menschen enorm verkompliziert, und ehe es zur eigentlichen Paarung kommt, verlieren sie sich in einer Menge unbegreiflicher Nebentätigkeiten. Hektisch ändern sie ihre Position, als wüssten sie nicht genau, worauf sie eigentlich aus sind. So faszinierend und amüsant euch die Sache erscheinen mag, zeigt euer Interesse nicht allzu deutlich; ihr könnt dösen oder hin und wieder einen abwesenden Blick hinüberwerfen, euch in manchen Phasen sogar nähern, um euch ein besseres Bild zu machen, doch bleibt immer sachlich und distanziert.

Der wahre Menschenbändiger sollte in der Lage sein, sich während der menschlichen Kopulation im Bett aufzuhalten und das Paar an den Rand desselbigen zu verbannen.

Überflüssig zu sagen, dass vergleichbare Einbrüche des Menschen in eure Privatsphäre unerwünscht und schwer hinnehmbar sind.

## Belohnungen und Geschenke

Belohnt den Menschen, wenn er etwas für euch tut. Er muss lernen, seine Bemühungen, euch zu gefallen, mit etwas Angenehmem zu verbinden: Ein Um-die-Beine-Streichen, ein schnurrender Nase-Nase-Kontakt, ein angedeutetes Kugeln.

Er wird stets bereit sein, eine mit Anerkennung quittierte Tätigkeit zu wiederholen.

Apropos Belohnungen, wappnet euch für eine verstörende Nachricht: Diese Säugetiere schätzen es nicht, wenn man ihnen Beute bringt – das schönste Geschenk, das eine Katze machen und bekommen kann.

Eine große, ausgeweidete Eidechse, ein hübscher, noch zuckender Schwanz oder ein geköpftes Vögelchen lösen bei ihnen Befangenheit aus, wenn nicht gar Hysterie.

Ihr könnt diese Dinge dennoch ins Haus schleppen, eure Befriedigung geräuschvoll zum Ausdruck bringen und sie aufs Bett legen, um die Menschen damit zu überraschen; Hauptsache, ihr seid über die mangelnde Begeisterung nicht enttäuscht.

Dieser Umstand ist vor allem deshalb so unglaublich, weil Menschen Allesfresser sind und die meisten von ihnen andere Tiere essen – wenn auch zerstückelt. Höchst verwunderlich also, dass diese Primaten seit Urzeiten täglich mit toten Tieren hantieren und auf solch unsinnige Weise reagieren, wenn sie ihnen frisch – und mitunter noch lebend! – gebracht werden.

Kater Ugo, ein berühmter Jäger, hatte in seiner Jugend eine große Krähe gefangen und getötet. Kein leichtes Unterfangen; noch komplizierter war es, die Krähe durch die Katzenklappe zu bugsieren und in den Bau zu schleifen.

Als seine Primaten nach Hause kamen, stießen sie auf eine Blutspur, die sich durch den Eingangsbereich zog: Sie folgten ihr bis zur Katzenklappe, in der noch Flaum und Federn klemmten. Auf der anderen Seite der Klappe stießen sie auf die Krähenleiche vor dem Sessel, auf dem

Ugo erschöpft und stolz auf ihre Komplimente wartete. Seine Kühnheit wurde mit den üblichen entsetzten Lauten quittiert, doch der größte Primat bemerkte: »Wenn er uns jetzt schon Krähen anschleppt, hängt er uns Schnauzer in den Baum, wenn er ausgewachsen ist.«

In diesem Fall wussten die Menschen eine Großtat auf ihre Art zu würdigen. Viel mehr darf man kaum erwarten.

## Migration

Regelmäßig und vor allem in der Trockenzeit begibt sich die menschliche Spezies auf Wanderung.

Wir sprachen bereits von der Bedeutung, sich einen Primaten mit weitläufigem Revier nebst Zugang ins Freie zu suchen.

Einige Menschen besitzen mehrere Reviere, eines in der Stadt und eines in der Natur. Für die geborenen Städter unter euch plädieren wir für folgende Lösung: Sucht euch einen Primaten mit Zweitrevier, in das man übersiedeln oder, wie sie es nennen, in dem man Urlaub machen kann.

So lästig der Revierwechsel sein mag, es lohnt sich meist, ihn ohne allzu großes Theater über sich ergehen zu lassen, denn Ferien bieten Abwechslung. Gärten, unbekannte Gerüche, Wasserläufe, Gebüsch, Gräser, die man fressen und im Bau wieder auskotzen kann, potenzielle Beute, andere Katzen; das Leben an der frischen Luft ist zweifellos weniger öde als das in der Wohnung.

Langweilig ist allenfalls die Vorstellung, in die Großstadt zurückzukehren; aber mit ein bisschen Wachsamkeit könnt ihr die Anzeichen der bevorstehenden Rückkehr erkennen und euch im Moment des Aufbruchs unsichtbar machen.

Migrationen können wenige Tage oder längere Zeiträume dauern.

Vor der Migration sendet der Mensch deutliche Signale aus; ein klares Anzeichen ist ein akuter Anfall von Dingitis.

Zahlreiche Gegenstände werden aus Möbeln geholt, hin und her geräumt, an anderen Orten gestapelt und meist lange beäugt. Spezielle bewegliche Behälter werden aus Schränken und Abstellkammern gezogen und mit Dingen gefüllt, die der Mensch für überlebenswichtig hält – selbst, wenn er sich nur zwölf Stunden aus seinem Habitat fortbewegt.

Spannung liegt in der Luft, es geht noch hektischer

zu als sonst; wird der Bau von mehreren Individuen bewohnt, kann es Krach geben.

Wenn sämtliche aus den Möbeln geholten Gegenstände in den beweglichen Behältern verschwunden sind, ist der Moment des Exodus gekommen.

Sobald sich die Menschen in irgendeiner Form auf Wanderung begeben, kann es unangenehm werden.

Sie hauen ab, ohne euch mitzunehmen, ihr werdet womöglich für die meiste Zeit allein gelassen, sporadisch tauchen Freunde/Angehörige/andere Handlanger auf, um eure Grundbedürfnisse zu bedienen. Das bedeutet einerseits Frieden und Ruhe; andererseits könnte euch, allein und eingesperrt auf beengtem Raum, die Langeweile zu schaffen machen.

Oder der Bau wird dauerhaft von anderen Menschen in Beschlag genommen, die sich nebenbei auch um euch kümmern und sich, je nachdem, als willkommen oder unausstehlich erweisen. Freunde, denen die Wohnung überlassen wird, Enkel, übersiedelte Katzensitter.

In jedem Fall handelt es sich um eine Veränderung eurer Gewohnheiten, und wie alle Veränderungen, auf die ihr keinen Einfluss habt, ist sie lästig und für die Sensiblen unter uns ein Stressfaktor.

Werdet ihr miteinbezogen, taucht mit den Behältern für Dinge auch die verhasste Transportbox auf.

Mal holen diese listigen Wesen sie im allerletzten Moment hervor, um euch nicht aufzuregen. Mal kramen die noch listigeren Wesen sie Tage vorher heraus, damit man irgendwann nicht mehr darauf achtet – und dann schnappen sie euch und schieben euch mit Gewalt in den engen Käfig.

Wenn sie einen schnappen, ist es ratsam, sich zu wehren und lauthals zu beschweren, um seine Missbilligung kundzutun; gibt es allerdings Grund zu der Annahme, dass die Migration auf lange Sicht Vorteile bringt, weil es an einen reizvollen Ort geht, sollte man es mit dem Gejammer nicht übertreiben und die Reise mit Würde über sich ergehen lassen.

Behaltet vor allem eure Ausscheidungen bei euch: In den eigenen Exkrementen zu reisen, zeigt nie den Respekt und die Bewunderung, die wir unseren Menschen einflößen wollen.

Auch bei Hysterie mangelt es an Eleganz.

In dieser Hinsicht ist Kapitän Fracassa ein Negativbeispiel: Im Gegensatz zu seinem Bruder Prinz Leopoldino besitzt Kapitän Fracassa ein schlichtes Gemüt. Von einer bevorstehenden Migration bekommt er erst etwas mit, wenn er bereits mittendrin steckt, und jedes Mal erlebt er sie wie eine persönliche Tragödie. Fügsam lässt er sich in die Transportbox stecken, dann aber reißt er die Augen auf und fängt an, entsetzte, alles andere als katzenartige Laute von sich zu geben. Sein heiseres, krampfartig abgehacktes Maunzen wird immer unnatürlicher und steigert sich zu einer Mischung aus Eselsschreien und tiefem Hundegebell.

Wegen seiner schwachen Nerven kann Fracassa nicht allein reisen, und weil sein Bruder mit ihm reist, ist die Transportbox riesig.

Der Bruder ist eher beherrscht und tapfer, doch schnappt man ihn, bringt er seine Empörung ebenfalls lautstark zum Ausdruck, und in den ersten Minuten werfen sich beide gegen die weichen Wände des Behälters, die sich mal nach oben, mal zur Seite, mal überallhin ausbeulen. Ein außenstehender Beobachter könnte meinen, es handle sich um den Transport eines Vielfraßes oder einer Horde Klammeraffen.

Wenn die Menschen sie durch die Straße tragen, versammeln sich neugierige Zuschauer, an den Fenstern und auf den Balkonen, und die Mutigsten wagen sich heran und fragen, welches Lebewesen man da herumtrage.

Die Reisen werden für gewöhnlich in einer unbegreiflichen menschlichen Erfindung namens Zug unternommen: Ein riesiges, lärmendes Ungetüm, das an einem Ort Scharen von Lebewesen verschluckt und sie an einem anderen Ort wieder ausspuckt. Im Zug ist es dann erstaunlich bequem, und kaum setzt er sich in Bewegung, beruhigt sich Kapitän Fracassa; nur sporadisch überkommen ihn Panikattacken, und er röchelt wie ein dämonisches Wesen mit geöffnetem Maul und aufgerissenen Augen vor sich hin. Mitunter kommt es zu einem neuerlichen Ausbruch schauderhafter Schreie, ehe er erschöpft in Tiefschlaf fällt.

Wie ihr bereits ahnen werdet, können sich Prinz Leopoldino und Kapitän Fracassa derartige Ausrutscher erlauben, weil sie über ein ausnehmend gut erzogenes Menschenpärchen verfügen.

Zum Nachahmen wird dieses Beispiel dennoch nicht empfohlen.

Würde, meine Herrschaften.

### Rauschmittel

Rückt der Moment der Migration näher, könnten einige Menschen versuchen, euch Rauschmittel zu verabreichen, um euch zu benebeln und widerstandslos zu transportieren.

Versucht, sie auszuspucken oder, gelingt euch das nicht, euch totzustellen.

Alternativ könnt ihr mit aller Kraft gegen das Benommenheitsgefühl ankämpfen und euch wie wahnsinnig aufführen. Die Menschen nennen diesen gegenteiligen Effekt »paradoxe Reaktion«, und ist in ihren einfältigen, kleinen Hirnen erst einmal angekommen, dass ihr zu sensibel für Beruhigungsmittel seid (tot) oder an einer paradoxen Reaktion leidet (wahnsinnig), werden sie es nicht mehr wagen, euch mit Drogen zu behelligen.

## Menschenjunge

Ihr könnt euren Primaten noch so sorgfältig ausgewählt haben, eines schönen Tages sucht er sich hinterrücks einen Partner und pflanzt sich fort. Wie umsichtig ihr auch sein mögt, vor Menschenjungen seid ihr nie wirklich gefeit.

Deshalb ist es wichtig, auf sie hinzuweisen.

Junge sind gefährliche Konkurrenten, und frisch geboren ziehen sie sämtliche Aufmerksamkeit auf sich, die bis dahin euch galt. Dagegen lässt sich nicht viel machen.

Äußert ihr Verdruss und Feindseligkeit, werdet ihr unverzüglich wie Aussätzige behandelt, ganze Bereiche des Reviers sind für euch tabu und euer Rang innerhalb des Rudels nimmt schweren Schaden.

Sich ihnen gegenüber freundlich zu zeigen, ist der einzige Weg, um nicht allzu viele Privilegien zu verlieren.

Eine gute Nachricht ist, dass Menschenjunge mehrere Monate lang harmlos sind. Sie können sich nicht selbstständig fortbewegen und sind zu nichts anderem in der Lage als zu schreien, zu essen und ihren Darm zu entleeren. Da sie, kaum geboren, in enge Stoffdinger namens Babykleidung gewickelt werden, bekleckern sie sich mit ihren eigenen Exkrementen; die Eltern machen sie sauber und können es nicht lassen, sie abermals in neuen Stoff zu packen. Es entsteht ein Kreislauf, der beweist, welche Macht die Dingitis vom Moment ihrer Geburt an über die Menschen hat.

In den seltenen Augenblicken, in denen die Kleinen nicht mit Fäkalien besudelt sind, duften sie köstlich nach Milch.

In dieser Zeit tun sie sich mit koordinierten Bewegungen schwer, sodass sie euch versehentlich schlagen könnten. Bleibt wachsam. Nichts verbietet euch, an ein Junges gekuschelt zu schlafen und eure Begeisterung für dieses Wesen zu zeigen, aber versichert euch, dass es ebenfalls schläft.

Die gefährlichste Phase kommt später, wenn sie anfangen, sich auf vier Pfoten zu bewegen, und das mitunter erstaunlich schnell. Mit ihren fetten Greifpfötchen, über die sie noch nicht die volle Kontrolle haben, grapschen sie nach Dingen. Von den Erwachsenen ermuntert, fangen sie an, mühsam auf zwei Beinen umherzustapfen, und in dieser Phase fallen sie häufig völlig unvermittelt um.

Das ist der Moment, mit ihrer Erziehung anzufangen.

In dieser Phase nämlich könnten sie versuchen, euch ungeschickt hochzuheben, an sich zu drücken, auf eure Pfoten zu treten, an euren Schnurrhaaren zu ziehen, euch in Dinge aus Stoff zu stecken, wie sie Menschen benutzen, und sogar, *euch am Schwanz zu ziehen*. Was ihr nie und nimmer zulassen dürft.

Deshalb müsst ihr ständig auf der Hut sein. Kaum kriegt ihr spitz, dass das Kleine Ungemach im Schilde führt, ist der sofortige Ausstoß heftiger Schmerzens-schreie ratsam (auch ruhig vor dem Schmerz), um die Erwachsenen zu alarmieren. Danach solltet ihr unverzüglich die Flucht ergreifen und ein Weilchen auf Sicherheitsabstand bleiben.

Das Junge ist unantastbar, keinesfalls dürft ihr die Pfote gegen es erheben, es sei denn, der Schmerz ist unerträglich. Auch in diesem Fall sollten ihm keine dauerhaften Schäden zugefügt werden.

Eine erwähnenswerte Ausnahme ist die von Bicia, der Grauen Mieze, die besonders unleidlich auf quälende Geräusche reagierte. Aufgewachsen in einer Familie mit zwei Menschenjungen, kam die Mieze jedes Mal angeflitzt, sobald ein Kind schrie, und verpasste ihm eine schallende Ohrfeige. Allerdings unterschied sie zwischen echten Schmerzensschreien (wie das eine Mal, als eines der Jungen sich eine Heftklammer in den Finger tackerte) und dem sogenannten »Theater«, Ausbrüchen von Wut und Frust, deren mächtigste Waffe Radau ist; nur dann kam sie angeflitzt.

Berühmt ist die Episode, als eines der Jungen sich brüllend auf den Fußboden warf und sie ihm in den Kopf biss.

Ein absolut nachvollziehbarer Instinkt: Wer von uns hat nicht den unwiderstehlichen Drang verspürt, einem schreienden Menschenjungen, das sich auf den Boden schmeißt, in den Kopf zu beißen? Das Unglaubliche ist, dass die Eltern des Jungen lachten (ihr wisst schon, wenn sie zufrieden die Zähne blecken), während sie Bicia fortzogen, und statt für diese offenkundige Aggression gemaßregelt zu werden, galt die Graue Mieze fortan als wertvolle Verbündete bei der Erziehung des Nachwuchses.

Hierbei handelt es sich jedoch, wie gesagt, um eine Ausnahme.

Wir sprechen von Primaten, die seit Generationen von Katzen erzogen wurden, und raten davon ab, das Gleiche bei euren zu versuchen.

Die Jungen sind unantastbar; und denkt dran, bei diesen Säugetieren bleiben sie es für einen Zeitraum, der einem ganzen Katzenleben entspricht, manchmal auch länger. Es gibt Berichte von Menschen, die noch immer von ihren inzwischen alten, tattrigen Eltern ernährt und versorgt werden; Extremfälle, aber es gibt sie.

Andererseits, wenn ihr das Glück habt, mit der Domestizierung eines Menschen schon im Babyalter zu beginnen, kann das zu exzellenten Ergebnissen führen und euch den besten und treuesten Gefährten bescheren, den man sich wünschen kann.

# 5

## Menschliche Marotten

## Der Ball

Ihr könntet an einen Ballfanatiker geraten, die gibt es häufig. Diese Menschen beschaffen sich einen kleinen Ball oder stellen ihn selbst her – ein kugelförmiges Ding –, um ihn euch zuzuwerfen. Sie erwarten, dass ihr ihn fangt oder zu ihnen zurückschlagt; dann nehmen sie ihn euch weg und beginnen das Spiel von vorn. Andere Male verstecken sie ihn notdürftig und wollen, dass ihr ihn findet.

Falls euch die Sache nicht allzu lästig ist, seid so gut und spielt gelegentlich mit ihnen, das macht sie glücklich. Es sind harmlose, meist kurze Vergnügungen, da der von dieser Übung in höchste Erregung versetzte Primat rasch ermüdet oder sich gewohnheitsmäßig ablenken lässt. Indem ihr ihn bei dieser Aktivität unterstützt, helft ihr ihm nebenbei, fit zu bleiben.

Die Graue Mieze, Erzieherin der Menschenjungen, war eine fabelhafte Sportlerin. Doch bis auf das Schlagen der kleinen Menschen war sie körperlich nicht sonderlich aktiv, weshalb sie eine aufrichtige Leidenschaft für den Ballsport entwickelte und sich von ihren Menschen fit halten ließ, die ihr Bällchen aus zusammengepresster Alufolie in schwindelerregender Höhe zuwarfen. Da es sich um besonders verspielte Individuen handelt und das Bedürfnis, vor anderen zu glänzen, in dieser Spezies stark ausgeprägt ist, wurde die Graue Mieze, sobald Gäste im Revier aufkreuzten, jedes Mal herbeizitiert, um ihre Kunststücke vorzuführen. Manchmal wurde sie sogar aus dem Tiefschlaf gerissen, um ihr Können unter Beweis zu stellen.

Ob sie ihnen den Gefallen tat oder nicht, entschied sie je nach Stimmung.

Selbstverständlich seid ihr nicht gezwungen, jeder Menschenlaune nachzugeben.


## Der Kuss


Eine typisch menschliche Art der Liebesbekundung ist der Kuss. Der Mensch schürzt seine erstaunlich beweglichen Lippen und drückt sie mit einem unangenehmen Schmatzen – mitunter sogar mit einer kleinen Saugbewegung – auf euren Körper.

Dabei neigt sich ihr großer Kopf bedrohlich über euch. Von einer riesigen Kreatur, die sich über einen beugt und einem die Lippen schmatzend auf den Schädel presst, aus dem Schlaf gerissen zu werden, kann traumatisch sein. Zu allem Überfluss könnte der Mensch versuchen, euch zu packen und während dieses Vorgangs festzuhalten oder in manchen Fällen sogar *zum Mund zu heben*. Obwohl Primaten, ob zahm oder wild, für gewöhnlich nicht beißen, raten wir dennoch, euch zu wehren und euch solche Praktiken nicht gefallen zu lassen. Ermutigt sie vielmehr, ihre Liebe durch Streicheln, sanftes Kraulen unter dem Kinn oder andere, angenehmere Methoden zu zeigen, die ihr ihnen beibringt.

Wollt ihr euren Zweibeiner verwöhnen, könnt ihr ihm gelegentliche sachte Küsse gewähren – aber nur dann, wenn ihr eure Bereitschaft signalisiert.

## Die Ergreifung

Eine weitere typische Zuneigungsbekundung dieser Spezies ist die Ergreifung. Hin und wieder scheint ein übermächtiger Impuls über den Menschen zu kommen, und er muss uns schnappen. Mit seinen langen Pfoten drückt er uns an sich und führt uns, wie im vorangegangenen Kapitel bereits beschrieben, mitunter zum Mund, um uns mit Küssen zu traktieren.

Dabei macht er uns bewegungsunfähig und presst uns

an sich. Hin und wieder trägt er uns in andere Bereiche des Reviers.

Das geschieht vor allem, wenn Fremde seinen Lebensraum betreten: Der Mensch sucht uns, packt uns und führt uns vor.

Menschenjunge sind besonders eifrige Greifer.

Wenn der Primat uns ergreift, freut er sich schrecklich. Einige Katzen mögen das und schmiegen sich mit aufrichtigem Genuss an ihren Riesenaffen. Ich persönlich habe nichts gegen ihre Nähe, aber nur dann, wenn ich es entscheide.

## Der Raub der Exkremente

Dies ist ein peinliches und dunkles Kapitel der Katze-Mensch-Beziehung. Wir reden von der unbegreiflichen Angewohnheit dieser Spezies, in unserem Katzenklo herumzuwühlen und dessen Inhalt zu entwenden.

Mehr oder weniger täglich taucht der Mensch mit einem Schäufelchen auf und gräbt suchend nach dem, was wir gewissenhaft verscharrt haben; dann reißt er es an sich.

Er klaut Pipiklößchen und panierte Kacke, versteckt seinen kleinen Schatz in einem Säckchen und nimmt ihn mit.

Warum? Was tut er damit?

Wir wollen es gar nicht wissen.

Das hat jedoch zur Folge, dass das Katzenklo, trotz seiner begrenzten Dimensionen, wiederverwertbar ist. Einige behaupten, das sei der Hauptgrund für diese bizarre Angewohnheit: reine Dienstbarkeit. Mag sein. Wir wollen nichts ausschließen.

## Das Brüten

Wenn ihr auf einem Tisch, einem Sofa oder einem anderen Möbelstück ausruht, kann es passieren, dass der Mensch Gegenstände neben euch ablegt, mit dem eindeutigen Wunsch, sie von euch bebrüten zu lassen. Sorgt dafür, dass ihr ihn zufriedenstellt: Euch kostet es keine Mühe, und der Primat wird hocherfreut sein. Dabei kann es sich um eine Fernbedienung[*] oder ein Telefon[**] handeln, aber auch um Schlüssel (unbequemer), einen Stift oder ein Buch.

Lasst euch in jedem Fall unverzüglich auf dem Gegenstand nieder, sodass er vollständig unter eurem Körper

---

[*] *Fernbedienung:* parasitärer Gegenstand eines größeren, bereits erwähnten Gegenstands namens *Fernseher,* der die Aufmerksamkeit dieser Lebewesen stundenlang zu bannen vermag.

[**] *Telefon:* Gegenstand, den sie anbeten und von dem sie sich nie trennen.

verschwindet. Nach einiger Zeit beginnt der Mensch mit dem Ritual: Er wird hektisch, blickt sich um, als würde er das von euch bebrütete Ding suchen. Erst, nachdem er sich eine kleine Ewigkeit in dieser Pantomime verausgabt hat, wird er versuchen, den inzwischen lauwarmen Gegenstand unter eurem Körper hervorzuziehen.

Leistet passiven Widerstand, indem ihr euch mindestens doppelt so schwer macht wie sonst.

Sollte er bei dem Versuch, wieder in den Besitz eines von euch bebrüteten Dings zu gelangen, ein anderes neben euch ablegen, werft euch blitzschnell darüber und beginnt unverzüglich mit einem neuen Brutvorgang.

## Das grausige Geheimnis

Im Zusammenleben mit dieser Spezies gibt es einen großen schwarzen Fleck. Eine Frage, auf die, trotz aller begründeten Vermutungen, niemand eine Antwort hat, und es ist wichtig, auf sie hinzuweisen: die willkürliche, ungerechtfertigte Kastration, der mit diesen Primaten zusammenlebende Katzen unerklärlicherweise unterzogen werden.

Niemand weiß, wie es passiert, doch tatsächlich entkommen diesem Schicksal nur wenige. Es gibt keine

Augenzeugenberichte, was das Ganze noch grauenhafter macht.

Doch es scheint, dass eine der entsetzlichsten Figuren unter den Menschen eine gewisse Verantwortung dafür trägt: der Unzähmbare, der Inquisitor, der Weißkittel, der Tierarzt.

Viele derer, denen dieses Schicksal zuteilwurde, erinnern sich an den Unzähmbaren, der sich über sie beugt – und dann nichts mehr.

Als sie in ihrem Bau – oder im Lager des Unzähmbaren – wieder zu sich kamen, hatte sich alles für immer verändert.

Diese barbarische Praxis ist unerklärlich. Es besteht kein Zweifel, dass diese Primaten auf ihre Weise aufrichtig an uns hängen; umso unbegreiflicher ist es, dass sie uns wehtun wollen. Doch genau darauf läuft es hinaus.

# 6

# Das Zusammenleben mit anderen

# Katzen

Solltet ihr mit anderen Katzen geboren und aufgewachsen sein, kennt ihr die unbestreitbaren Vorteile einer Katzengemeinschaft – von reiner Geselligkeit bis zur kriminellen Vereinigung.

Man spielt, man treibt Sport, man putzt sich sorgfältig gegenseitig, man setzt Pläne um, die sich allein schwer durchführen lassen. Und dann ist da natürlich die Freude darüber, einander verbunden zu sein und sein Leben mit Artgenossen zu teilen – vor allem, wenn man sie liebt.

Der heldenhafte Pongo, ein stattlicher schwarzer Kater, der in einem von Menschen und Katzen dicht bevölkerten Haus aufwuchs, hatte sich zum Verteidiger der Unterdrückten erklärt. Ganz gleich, womit sich die anderen Katzen herumschlagen mussten, beim ersten Miau war Pongo zur Stelle.

Eines Tages steckte Luigino der Rote seinen Kopf in eine Plastiktüte, aus der er sich nicht mehr zu befreien vermochte: Panisch stob er durchs Haus, stieß gegen Möbel und Bewohner und verkroch sich schließlich unter einer Anrichte, unter der er jämmerlich um Hilfe flehte.

Das Junge der Menschenfamilie eilte zu seiner Rettung herbei, quetschte sich in unbequemer Haltung unter das Möbelstück und versuchte von dort aus, Luigino zu befreien. In dem Moment kam Pongo herein, und seine eingeschränkte Sicht auf die Geschehnisse trübte sein Urteilsvermögen: Er glaubte, das verrückt gewordene Junge versuchte, Luigino mit einer Plastiktüte zu ersticken, und ging zum Angriff über. Unter der Anrichte brach die Hölle los: Luigino schrie, das Menschenjunge schrie, Pongo schlug zu. Die anderen Primaten, die der Szene beiwohnten, schrien ebenfalls; am Ende gelang es ihnen mit vereinten Kräften, Pongo fortzuziehen und in ein anderes Zimmer zu sperren. Luigino wurde befreit, das verletzte Menschenjunge verarztet und Pongo aus der Haft entlassen. Er musste keine Vergeltungsmaßnahme erleiden: Es war klar, dass er in edler Absicht gehandelt hatte, und selbst der übel zugerichtete, blutende Kleine respektierte ihn dafür umso mehr.

In anderen Situationen kann sich das Zusammenleben mit Katzen ganz unerwartet und plötzlich ergeben: Eines schönen Tages kommt euer Mensch mit einem anderen Katzenwesen nach Hause, ohne euch um Erlaubnis gefragt zu haben.

Womöglich habt ihr nach langem Bemühen eine gewisse innere Reife erreicht, und auf einmal taucht ein durchgedrehter Halbstarker auf.

Womöglich habt ihr endlich geklärt, wer in der Beziehung das Sagen hat, der Mensch ist auf dem Gipfel der Fürsorglichkeit, und auf einmal schleppt er zwei Neugeborene an, von denen er den Blick nicht losreißen kann.

Womöglich, und das ist noch schlimmer, sitzt ihr gerade auf eurem Lieblingssessel und leckt euch nachlässig die Pfote, da geht die Tür auf und ein erbärmliches, verflohtes, ramponiertes Exemplar mittleren Alters platzt herein, das an Raufereien mit Straßenkatzen gewohnt ist und kaum eure Sprache versteht. Womöglich ist der Penner eine Kätzin, eine Furie, die der Primat dennoch beharrlich Miezi nennt und die euch schon auf der Türschwelle Schmähungen und Todesdrohungen an den Kopf wirft.

Alles ist möglich; besser, man ist vorbereitet.

Aber wie dem auch sei: Denkt dran, es sind immer noch Katzen.

Sie mögen noch so sehr vom Leben gebeutelt, durchgedreht, unwissend und räudig sein, im Kern dieser Zumutung verbirgt sich dennoch ein verwandter, überlegener Geist, der nur nach einer Gelegenheit sucht, sich zu zeigen und zu glänzen.

Mitunter ist er schwer zu erkennen, keine Frage. Doch seid geduldig und habt Vertrauen in die mögliche und erstaunliche Verwandlung selbst des erbärmlichsten Flohsacks.

## Pflanzen

### Zimmerpflanzen

Es gibt zwei Kategorien: Grünpflanzen und Schnittblumen. Letztere werden in Stücke gerissen.

Beginnt mit einem Angriff auf den Behälter, aus dem ihr auch versuchen könnt zu trinken, indem ihr die Blumen mit Kopfstößen zur Seite schiebt. Dann stürzt euch auf die Blüten, beißt hinein, verpasst ihnen gereizte Tatzenhiebe und zerfetzt sie mit den Krallen. Das große Finale besteht darin, die mit Wasser gefüllte Vase über dem so hergestellten Pflanzenfriedhof auszukippen.

Grünpflanzen stehen in mit Erde gefüllten Töpfen, die so in der Wohnung platziert sind, dass ihr darin graben könnt. Stängeln und Blättern kann mit unterschiedlichen, allerlei Kurzweil bietenden Methoden der Garaus gemacht werden, die ihr nach Herzenslust ausprobieren könnt.

## *Balkon- und Gartenpflanzen*

Pflanzen auf dem Balkon oder im Garten sind gute Alternativen zum Katzenklo.

Tatsächlich bestreuen die Menschen sie regelmäßig mit etwas, was sie Dünger nennen – was nichts anderes ist als ein Mischmasch von Exkrementen unbekannter Tiere.

Wenn ihr euch nützlich machen wollt, sucht ihr euch eine einzelne Pflanze heraus – möglichst eine ihrer Lieblingspflanzen, groß und üppig – und entleert euch reichlich neben ihr, besprenkelt den Boden ringsum täglich großzügig mit Urin, bis sie eingeht: Das untrügliche Zeichen, dass ihr hervorragende Arbeit geleistet habt. Dann wendet ihr euch der nächsten zu.

Für Menschen essbare Pflanzen (Gewürzkräuter, kleine Beete mit Tomaten oder anderem Gemüse) können direkt benetzt werden; die radikalsten Düngemethoden verlangen nach einem prominent platzierten Kothaufen, der Blätter und Früchte schmückt.

Wenn ihr keine Lust zum Gärtnern habt, könnt ihr euch zwischen den kleinsten und zartesten Blühpflanzen ein behagliches Nest bauen. Drückt man sie ordentlich platt, erhält man ein äußerst bequemes Bett im Freien.

Die menschliche Gewohnheit der Pflanzenpflege zu unterstützen, ist eine noble Geste, liegt aber nicht in unserer Natur. Deshalb wird es Momente geben, in denen euch jähe Mordlust packt und ihr nicht anders könnt, als euch wütend auf jede passive Lebensform zu stürzen, die euch unterkommt.

Der Mensch könnte davon nicht begeistert sein. Achtet darauf, weit weg vom Ort des Geschehens zu sein, wenn er es bemerkt, und gebt euch völlig unbeteiligt.

## Tiere

*»Hunde sind für Menschen das,*
*was Menschen für Katzen sind.«*
PRINZ LEOPOLDINO

Während eures Zusammenlebens mit Menschen könnte es euch passieren, das Revier mit weiteren Spezies teilen zu müssen. Die folgenden Hinweise sind allgemeiner Natur. Es kann eurer Bewunderung würdige Hundeartige, freundliche Papageien oder Fische geben, die größer sind als ihr; doch das sind Ausnahmen.

## Hundeartige

Es gibt sie in allen möglichen Arten, Größen und Formen: von nackt und klein wie Eichhörnchen bis pelzig und riesig wie Bären.

Um es kurz zu machen: Hunde sind gemeinhin dreckig, stinkend, laut und überbegeistert. Sie sind nicht böse, im Gegenteil; nette Kerle – vor allem einzeln genommen. Aber beschränkt. Ständig kleben sie an den Menschen, lassen sie nicht aus den Augen und sind vollständig von ihnen abhängig. Ihre Welpen, vor allem die an Gigantismus leidenden, sind äußerst ungeschickte Störenfriede.

Dennoch besteht kein Zweifel, dass das Zusammenleben mit einem Hund unterhaltsam sein kann. Manche ihrer Wesenszüge und Gewohnheiten sind mit unseren gut vereinbar, und erwiesenermaßen können sie sehr gute Freunde werden.

Wie dem auch sei, unterjocht sie von Anfang an.

## Nagetiere

Sie werden in kleinen Käfigen gehalten, in denen ihr sie sehen, aber nicht erreichen könnt. Eine ebenso unbegreifliche wie unbestreitbare Form von Sadismus. Warum sie für ihr ganzes jämmerliches Leben einsperren, wenn man die Arbeit euch überlassen könnte?

## Fische

Für sie gilt das Gleiche wie für Nager; mit dem Unterschied, dass Fische hübscher und hypnotischer anzusehen sind. Ihre Käfige sind Aquarium genannte Glaskästen. Behaltet die Klarheit des Wassers im Auge: Wenn es sich eintrübt, reinigt der Primat das Aquarium und setzt die Fische in kleinere Behälter. Das ist eure Chance.

## Vögel

An ihnen sieht man, wie weit menschliche Grausamkeit gehen kann. Vögel werden häufig in Käfigen gehalten, in denen sie nicht einmal *fliegen* können! Es ist eure moralische Pflicht, alles daranzusetzen, um die Käfige zu öffnen und sie von ihrem Leid zu erlösen.

Papageien sind ein Thema für sich. Sie sind gefährliche Kreaturen. Vor allem sind sie klug. Manchmal sprechen sie mit den Menschen; womöglich erteilen sie ihnen Befehle. Sie sind gnadenlos, mit großen Schnäbeln und Krallen bewehrt, stolz und kampflustig: Wir raten dazu, um große Papageien einen weiten Bogen zu machen.

## Reptilien und Amphibien

Unbegreiflicherweise halten einige Menschen in ihrem Revier Exemplare dieser Tierarten – auch sie stecken für gewöhnlich in durchsichtigen Glaskästen. Schildkröten gefallen uns sehr und können als Aussichtspunkte oder langsame Fortbewegungsmittel genutzt werden; man kann mit dem Panzer Unfug treiben und mit ihnen Verstecken spielen. Abgesehen von Schildkröten sind andere Reptilien und Amphibien gemeinhin abstoßend und unseres Interesses unwürdig. Handelt es sich um große Schlangen, die sich frei durch die Wohnung bewegen dürfen, lasst sie nicht aus den Augen und sucht euch nach Möglichkeit ein neues Zuhause.

### Andere Primaten

Wir sind überzeugt, dass alle Affen, die zu groß sind, um von einer Katze gefressen zu werden, eine klare Vorliebe für unsere Spezies hegen.

Auch wenn die Natur uns nicht viele Gelegenheiten bietet, anderen Primaten zu begegnen, sorgt das zumeist in Menschengestalt daherkommende Schicksal bisweilen doch dafür.

So kursieren Geschichten über den beispielhaften Fall von Koko, einer in Gefangenschaft aufgewachsenen Gorilladame, der das Menschenweibchen Francine die Gebärdensprache beibrachte; obwohl die beiden jahrelang miteinander zu tun hatten, gelang es Koko nie, Francine die Gorillasprache beizubringen – was wieder einmal zeigt, dass diese gesprächigen Tiere nicht fürs Zuhören gemacht sind. Aber wir wollen nicht abschweifen.

Was wir euch erzählen wollen, ist, wie Francine die Gorilladame in Gebärdensprache nach ihrem größten Wunsch fragte und Koko antwortete: »Eine Katze«.

Über die vielen Katzenfreundschaften, die Koko in ihrem langen Leben pflegte, existieren zahlreiche Berichte.

# Fazit

## Ein Mensch ist für immer

Menschen sind langlebig. Habt ihr euer Exemplar erfolgreich domestiziert, wird es euch für immer gehören. Auch wenn ihr alt seid, euch die Zähne ausfallen, ihr nicht mehr fressen wollt und euer Geschäft nicht mehr würdevoll verrichten könnt, wird der Mensch euch weiterhin dienen und womöglich zum Unzähmbaren bringen, um euren Leidensweg zu verlängern.

Habt ihr einen Menschen gewählt, der über einen hohen gesellschaftlichen Rang und zahlreiche Ressourcen verfügt, steigt die Wahrscheinlichkeit, dass dies passiert.

Um mit dem Leben Schluss zu machen, müsst ihr euch dazu durchringen, überallhin zu pieseln und zu kacken, auch ins Bett und während sie darin liegen. Das könnte sie endlich, wenn auch schweren Herzens, dazu bringen, euch ziehen zu lassen.

Darin liegt das Paradox dieser großen Säugetiere: Als Spezies sind sie furchterregend, aber einzeln genommen, können sie liebevolle, beschützende, kluge und großherzige Wesen sein. Auf ihre Art: unelegant, lärmend, tollpatschig; doch genau wie wir Katzen wollen sie nichts weiter, als zu lieben und geliebt zu werden.

# Danksagungen

Danke an Daria Bignardi und Giulia Ichino, die das Manuskript als Erste gelesen und daran geglaubt haben, dass es für andere Menschen interessant sein könnte. An Andrea Ferolla für seine Weisheit, Großzügigkeit und wundervollen Illustrationen. An Annalisa Lottini, LeeAnn Bortolussi und das gesamte Giunti-Team. An alle katzenliebenden Freundinnen und Freunde, die mir Mut gemacht und mir geholfen haben, darunter Giulia, Grazia, Cristina, Francesca und Renata. An meine Familie, die mir beibrachte, andere Tiere zu lieben. An meinen Vater und meine Mutter und an Großmutter Wanda, die stets eine Tüte Leckerlis in ihre Handtasche steckte, ehe sie das Haus verließ, für den Fall, dass sie befreundete Hunde traf. Immer und auf jeden Fall an Stefano, meinen geliebten und besten Verbündeten, den man sich wünschen kann.

Danke.

Barbara Capponi, Oktober 2022

Die italienische Originalausgabe erschien 2022 unter dem Titel
»Come addomesticare un umano« bei Giunti, Florenz/Mailand.

Penguin Random House Verlagsgruppe GmbH FSC® N001967

Wunderraum-Bücher erscheinen im
Wilhelm Goldmann Verlag, München,
einem Unternehmen der Penguin Random House Verlagsgruppe GmbH.

1. Auflage
Deutsche Erstveröffentlichung März 2024
Copyright © 2022 Giunti Editore S.p.A.,
Firenze-Milano. www.giunti.it
Copyright © dieser Ausgabe 2024
by Wilhelm Goldmann Verlag, München,
in der Penguin Random House Verlagsgruppe GmbH,
Neumarkter Str. 28, 81673 München
Illustrationen: © Andrea Ferolla
Umschlaggestaltung: buxdesign GbR, München
Umschlagillustration: Andrea Ferolla
Redaktion: Victoria von Schirach
KN · Herstellung: Han
Satz: Buch-Werkstatt GmbH, Bad Aibling
Druck und Bindung: Friedrich Pustet, Regensburg
Printed in Germany
ISBN 978-3-442-31738-7

www.wunderraum-verlag.de

## Auf Wiedersehen im
## WUNDERRAUM

www.wunderraum-verlag.de